U0394808

煮出万种风情
米饭的秘诀

百变花样

米饭

无极文化/全程策划 **郑伟乾**/编著

180道中西风情米饭大集合
188种健康的营养搭配
200张诱人食欲的美食图片
100条不外传的私房烹饪秘方

重庆出版集团 重庆出版社

图书在版编目（CIP）数据

百变花样米饭 / 郑伟乾编著 . -- 重庆：重庆出版社，
2013.8
ISBN 978-7-229-06778-6

Ⅰ . ①百… Ⅱ . ①郑… Ⅲ . ①大米 – 食谱 Ⅳ .
① TS972.131

中国版本图书馆 CIP 数据核字 (2013) 第 166608 号

百变花样米饭
BAIBIAN HUAYANG MIFAN

郑伟乾　编著

出 版 人：罗小卫
责任编辑：王　梅　刘思余
策划编辑：刘秀华
特约编辑：陈晓乐
责任校对：杨　婧
美术编辑：无极文化 · 刘　玲
封面设计：重庆出版集团艺术设计有限公司 · 蒋忠智

重庆出版集团
重庆出版社 出版

重庆长江二路 205 号　邮政编码：400016 http://www.cqph.com

深圳舜美彩印有限公司印刷

重庆出版集团图书发行有限公司发行

E-mail:fxchu@cqph.com　邮购电话：023-68809452

全国新华书店经销

开本：720mm×1 000mm　1/16　印张：11
2013年8月第1版　2013年8月第1次印刷
ISBN 978-7-229-06778-6

定价：26.80 元

如有印装质量问题，请向本集团图书发行有限公司调换：023-68706683

前　言

在尝试过花样百出的做菜方法之后，有时候反而觉得无菜可做。这时候何不尝试回归到主食上来呢？其实，米饭绝不仅仅是搭配菜肴的主食角色，只要在米饭中掺一些杂粮或蔬菜，它的营养价值就会提高很多倍，而且会产生一定的食疗作用。

在现代，吃得饱已经不是人们的生活目标。吃得好，吃得健康才是现代人对饮食的基本要求。小小一粒米，种类就如此五花八门。除了我们平时吃的大米饭之外，在米饭的庞大家族中，还有粟米、糯米、糙米、薏米、紫米、香米等。水果、蔬菜、海鲜、鱼、肉、菌菇……随意取几样与米饭搭配，绝妙美味立即完美呈现，风味各异，各有特色。平凡普通的米饭，巧遇各种食材，加以不同的烹饪方法就能摇身一变，成为一道时尚、健康、营养的美食，让你的菜谱不再单调，餐桌上的美食花样百出，给你的舌头酣畅淋漓的味觉享受。

满溢浓香的手抓饭、淡香怡人的蛋炒饭、充满江南风情的竹筒饭、南亚咖喱风浓烈的咖喱饭、百搭百妙的各式盖饭、中西结合的焗饭与海鲜饭……这些不折不扣的喷香米饭，无一不在诱惑着你的味觉神经，瞬间秒杀你那挑剔十足的舌头，让你想起来都胃口大开，吃的时候停不了口。这时候，最困难的事莫过于回想起米饭是何时开始装点自己的生活，成为自己的最爱的。

无论是精心烹饪还是简单调制，《百变花样米饭》都将会是你厨房的好帮手，当中总有一种米饭的味道会成为你的专属和最爱。每当香气四溢的米饭端到亲人好友面前，看着他们幸福喜悦的表情，才发觉，一起分享百变米饭所带来的美食乐趣才是一种莫大的快乐。生活不再是锅碗瓢盆、柴米油盐枯燥无味的协奏曲，而是由美食所编织出来的美好憧憬。让我们做一个创意米饭达人，把米饭做得更好吃。

近两百款最馋人的百变花样米饭，献给钟爱米饭的你，最天然的养生之道，最均衡的饮食方式，让你吃出健康和美丽！

83

122

134

161

目　录

第一章　魅力无穷的百变米食

籼 米 …………………………… 8

粳 米 …………………………… 9

糯 米 …………………………… 10

糙 米 …………………………… 10

红 米 …………………………… 11

黑 米 …………………………… 12

紫 米 …………………………… 13

薏 米 …………………………… 14

煮出香糯弹牙好米饭…………… 15

米饭的健康吃法………………… 16

第二章　垂涎欲滴的黄金炒饭

炒出好饭有技巧………………… 18

鲜美爽口的鲍汁海鲜炒饭……… 20

咸辣可口的剁椒炒饭…………… 21

香喷喷的蛋炒饭………………… 22

诱人食欲的腊味炒饭 …………… 23

鲜美爽口的青蟹八宝饭………… 24

回味无穷的烧牛舌配炒饭……… 25

色泽诱人的三鲜炒饭…………… 26

色明味美的宝藤炒饭…………… 27

味鲜诱人的薄壳米芥蓝炒饭…… 28

香味浓郁的麻辣牛肉炒饭……… 29

光鲜亮丽的扬州炒饭…………… 30

色泽鲜明的农家菜炒饭………… 31

酸甜可口的菠萝海鲜炒饭……… 32

颗粒分明的蟹子炒饭…………… 33

搭配巧妙的六合炒饭…………… 34

咸鲜鲜明的咸肉菜饭…………… 35

营养健康的红米炒饭…………… 36

咸鲜飘香的培根炒饭…………… 37

简单快捷的特色鹅肝炒饭……… 38

香软弹牙的虾仁炒饭…………… 39

色味俱全的什锦炒饭…………… 40

粒粒分明的咸蛋菜粒炒饭……… 41

五颜六色的鳗鱼炒饭…………… 42

香飘四溢的风味炒饭…………… 43

风味十足的四川炒饭…………… 44

鲜味十足的鲜贝蛋白炒饭……… 45

食材多多的秘制海鲜炒饭……… 46

第三章 香气四溢的盖浇饭

盖浇饭的前世今生……………… 48

香味浓郁的咖喱盖浇饭……… 49

酸酸甜甜的番茄肉片饭……… 50

最具魔力的甜辣鱿鱼饭……… 51

香滑适口的蘑菇盖浇饭……… 52

清鲜嫩滑的海鲜烩饭………… 53

油而不腻的五花肉盖饭……… 54

咸辣适口的回锅肉盖饭……… 55

巧搭素食的什锦菌菇饭……… 56

香酥味美的香鸡排套餐饭…… 57

辣得过瘾的辣子鸡盖浇饭…… 58

颇具人气的瑶柱盖浇饭……… 59

汁亮味美的番茄牛肉盖饭…… 60

酥软入味的猪脚盖饭………… 61

深红诱惑的香油金枪鱼盖饭…… 62

第四章 香浓好味的煲仔饭

砂锅，煲仔饭的必备武器……… 64

从火候开始煲饭……………… 65

做煲仔饭的 5 大步骤 ………… 66

咸甜适中的腊味煲仔饭……… 67

软烂醇香的牛筋煲仔饭……… 68

色泽艳丽的黄豆焖鸡煲仔饭…… 69

营养丰富的红烧鸡腿饭………… 70

酱红油亮的梅菜扣肉饭………… 71

鲜香味美的鲜鱿虾干煲仔饭…… 72

超级美味的排骨凤爪煲仔饭…… 73

豉香味美的鲮鱼煲仔饭………… 74

咸香四溢的腊肠排骨煲仔饭…… 75

百里挑一的咸鱼腩煲仔饭……… 76

香飘满屋的香菇焖鸡煲仔饭…… 77

清香宜人的梅菜肉饼煲仔饭…… 78

肉质鲜嫩的豆豉排骨煲仔饭…… 79

香嫩鲜美的黄鳝煲仔饭………… 80

简单快捷的南瓜煲仔饭………… 81

酱香味浓的香菇鸡饭…………… 82

醇香扑鼻的香菇牛肉木桶饭…… 83

农家风味的油豆腐肉末饭……… 84

第五章 软滑香绵的滋味粥

熬粥有技巧……………………… 86

喝粥好处多……………………… 87

香浓美味的皮蛋瘦肉粥………… 88

清新可口的胡萝卜银鱼粥……… 89

美味咸香的红枣鱼片粥………… 90

简约香甜的小米粥……………… 91

鲜美可口的鲜虾牡蛎粥………… 92

口感软糯的冬菇木耳粥………… 93

独具特色的上海菜泡饭……………… 94

暖胃贴心的生滚海鲜粥……………… 95

口感细腻的鸡肝胡萝卜粥……………… 96

味道香甜的双米银耳粥……………… 97

细腻温润的香菇鸡粒粥……………… 98

清新淡雅的蔬菜什菌粥……………… 99

浓郁果香的五彩麦片粥……………… 100

健康营养的糙米黑芝麻粥……………… 101

软烂鲜美的砂锅海鲜粥……………… 102

营养美味的水果养颜粥……………… 103

金黄诱人的南瓜拌饭……………… 104

令人垂涎的鸡肝芝麻粥……………… 105

质软香甜的八宝粥……………… 106

养眼营养的泰米焗青蟹……………… 121

色香味全的菠萝鸡肉饭……………… 122

香而不腻的西班牙海鲜饭……………… 123

鲜嫩味美的意大利焗猪排饭…… 124

第七章 健康营养的五谷杂粮饭

香味弥漫的火腿竹筒饭……………… 126

清爽不腻的水果黑米饭……………… 127

软糯嫩滑的米肠……………… 128

清香怡人的血糯南瓜盅……………… 129

香甜软糯的果味糯米……………… 130

流光溢彩的水晶八宝饭……………… 131

细腻绵软的糯米蒸南瓜……………… 132

金黄糯香的风味小米喳……………… 133

质软咸香的肉松糯米饭……………… 134

油润酥糯的荷香糯米东坡肉…… 135

荷香四溢的竹筒糯米肉……………… 136

色味诱人的酱油糯米蟹……………… 137

糯而不腻的酸甜黑沙小汤圆…… 138

鲜嫩香脆的咸鱼鸡粒糯米饭…… 139

软糯香浓的黑米金字塔……………… 140

第六章 活色生香的异国米饭

异国米饭 万种风情 …………… 108

美观美味的日式蛋包饭………… 110

色彩艳丽的五彩爽口寿司…… 111

口感爽脆的韩国泡菜炒饭…… 112

咸鲜飘香的培根炒饭………… 113

美味可口的石锅拌饭………… 114

原汁原味的石锅卤肉饭……… 115

汁浓味厚的五花肉拌饭……… 116

鲜美爽口的辣八爪鱼拌饭…… 117

品味独特的印尼炒饭………… 118

咸鲜油亮的泰式炒饭………… 120

第八章　欢乐米点

酥香味透的鲜果锅巴⋯⋯⋯⋯⋯ 142

香脆爽口的紫米锅巴卷⋯⋯⋯⋯ 143

香糯软滑的笑脸豆沙糯米团⋯⋯ 144

别有风味的糍饭糕⋯⋯⋯⋯⋯⋯ 145

糯软黏柔的打糕⋯⋯⋯⋯⋯⋯⋯ 146

清香淡雅的粽子⋯⋯⋯⋯⋯⋯⋯ 147

风味绝佳的椰香紫米糍⋯⋯⋯⋯ 148

独具创意的客家福满船⋯⋯⋯⋯ 149

绵软美味的糯米大枣⋯⋯⋯⋯⋯ 150

鲜嫩多汁的糯米排骨⋯⋯⋯⋯⋯ 151

甜糯适口的蜜汁糯米藕⋯⋯⋯⋯ 152

绵软香甜的芝麻黑米糕⋯⋯⋯⋯ 153

醇美椰香的紫米烧麦⋯⋯⋯⋯⋯ 154

清香细嫩的珍珠丸子⋯⋯⋯⋯⋯ 155

鲜味四溢的糯米鸡⋯⋯⋯⋯⋯⋯ 156

糯香可口的粽香糯米骨⋯⋯⋯⋯ 157

酥脆软糯的糯米鸭⋯⋯⋯⋯⋯⋯ 158

第九章　宝宝最爱的饭团

造型可爱的熊猫饭团⋯⋯⋯⋯⋯ 160

美味可口的圣诞老人饭团⋯⋯⋯ 161

甜咸适中的肉松娃娃饭团⋯⋯⋯ 162

自然纯粹的红薯饭团⋯⋯⋯⋯⋯ 163

营养全面的彩色饭团⋯⋯⋯⋯⋯ 164

清淡爽口的火腿饭团⋯⋯⋯⋯⋯ 165

淡雅营养的芝麻饭团⋯⋯⋯⋯⋯ 166

美观营养的番茄饭卷⋯⋯⋯⋯⋯ 167

简单可爱的 hello kitty⋯⋯⋯⋯ 168

色泽鲜艳的小兔爱心便当⋯⋯⋯ 169

卡通漂亮的青蛙饭团⋯⋯⋯⋯⋯ 170

创意无限的铅笔饭团⋯⋯⋯⋯⋯ 171

爱不释口的泡温泉小狗⋯⋯⋯⋯ 172

卡通可爱的猪头便当⋯⋯⋯⋯⋯ 173

后记⋯⋯⋯⋯⋯⋯⋯⋯⋯⋯⋯⋯ 174

第 章

魅力无穷的百变米食

中国米文化飘香数千载，

源远流长。

放眼中国人的米食世界，

着实令人惊叹。

一粒小小的大米，

其实大有学问。

有的入口绵软，有的筋道耐嚼。

有的干爽成粒，有的黏软香糯。

有黑白黄紫多种颜色，

营养成分也各不相同。

平凡的米粒，变化无穷。

籼米

籼米是我国出产最多的一种稻米，以广东、湖南、四川等省为主要产区。米灰白色，半透明，黏性小，但胀性较大，出饭率高。

籼米系用籼型非糯性稻谷制成的米。米粒呈细长形或长椭圆形，长者长度在7毫米以上，蒸煮后出饭率高，黏性较小，米质较脆，加工时易破碎，横断面呈扁圆形，颜色以白色透明的较多，也有半透明和不透明的。根据稻谷收获季节，分为早籼米和晚籼米。早籼米米粒宽厚而较短，呈粉白色，腹白大，粉质多，质地脆弱易碎，黏性小于晚籼米，质量较差。晚籼米米粒细长而稍扁平，组织细密，一般是透明或半透明，腹白较小，硬质粒多，油性较大，质量较好。

营养价值

籼米是提供B族维生素的主要来源，是预防脚气病、消除口腔炎症的重要食疗资源；米粥具有补脾、和胃、清肺功效；米汤有益气、养阴、润燥的功能，能刺激胃液的分泌，有助于消化，并对脂肪的吸收有促进作用，是补充营养素的基础。

每100克籼米的营养成分

能量	347	千卡	蛋白质	7.9	克
脂肪	0.6	克	碳水化合物	77.5	克
膳食纤维	0.8	克	硫胺素	0.09	毫克
核黄素	0.04	毫克	烟酸	1.4	毫克
维生素E	0.54	毫克	钙	12	毫克
磷	112	毫克	钾	109	毫克
钠	1.7	毫克	镁	28	毫克
铁	1.6	毫克	锌	1.47	毫克
硒	1.99	微克	铜	0.29	毫克
锰	1.27	毫克			

食疗作用

有补中益气、健脾养胃、益精强志、和五脏、通血脉、聪耳明目、止烦、止渴、止泻的功效。

粳 米

粳米是我国南方人民的主食，含有大量碳水化合物，约占79%，是热量的主要来源。粳米，是粳稻的种仁，又称大米，呈半透明卵圆形或椭圆形，出米率高，米粒膨胀性小，但黏性大。粳米一般呈椭圆形颗粒状，较圆胖，半透明，表面光亮，腹白度较小。

营养价值

粳米含有人体必需的淀粉、蛋白质、脂肪、维生素 B_1、烟酸、维生素 C 及钙、铁等营养成分，可以提供人体所需的营养、热量。粳米具有健脾胃、补中气、养阴生津、除烦止渴、固肠止泻等作用，可用于脾胃虚弱、烦渴、营养不良、病后体弱等病症，但糖尿病患者应注意不宜多食。

制作指导

1. 粳米做成粥更易于消化吸收，但制作米粥时千万不要放碱，因为米是人体维生素 B_1 的重要来源，碱能破坏米中的维生素 B_1，会导致 B_1 缺乏，出现"脚气病"。
2. 制作米饭时一定要"蒸"，不要"捞"，因为捞饭会损失掉大量维生素。

食疗作用

粳米性平、味甘，归脾、胃经，具有补中益气、平和五脏、止烦渴、止泄、壮筋骨、通血脉、益精强志之功，主治泻痢、胃气不足、口干渴、呕吐、诸虚百损等。

糯米

糯米是糯稻脱壳的米，是家常经常食用的粮食之一。米质呈蜡白色不透明或透明状，因其香糯黏滑，常被用以制成年糕、元宵等风味小吃，深受人们喜爱。

营养价值

糯米含有蛋白质、脂肪、糖类、钙、磷、铁、维生素 B_1、维生素 B_2、烟酸及淀粉等，营养丰富，为温补强壮食品。

食疗作用

糯米有补中益气、健脾养胃、止虚汗之功效，对食欲不佳、腹胀腹泻有一定缓解作用，有利于治疗脾胃虚寒、消渴多尿、气虚自汗等。

制作指导

1. 糯米适合制造黏性小吃，如做粽子、酒酿、汤圆、米饭等各式甜品的主要原料，糯米也是酿造醪糟（甜米酒）的主要原料。
2. 糯米食品宜加热后食用。
3. 宜煮稀薄粥服食，不仅营养滋补，且极易消化吸收，养胃气。

糙米

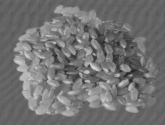

糙米是稻米经过加工后所产的一种米。去壳后仍保留着一些外层组织，如皮层、糊粉层和胚芽，由于口感较粗，质地紧密，煮起来也比较费时，但糙米的营养价值比精米高。

营养价值

糙米的蛋白质含量虽然不多，但是蛋白质质量较好，主要是米精蛋白、氨基酸的组成比较完全，人体容易消化吸收。

食疗作用

糙米中含有人体必需的微量元素和维生素，中医认为糙米味甘、性温、健脾养胃、补中益气、调和五脏、镇静神经、促进消化吸收。糙米含有的大量纤维素，能够吸取肠内的毒素，再把它们排泄到体外。糙米还能提高人体免疫功能，促进血液循环，降低血糖，有预防心血管疾病、贫血症、便秘、肠癌等功效。

制作指导

糙米口感较粗，质地紧密，煮起来也比较费时，煮前可以将它淘洗后用冷水浸泡过夜，然后连浸泡水一起投入高压锅，煮半小时以上。

红米

红米稻没有早稻，只有中稻或一季晚稻，所以亩产量不高。由于它是山泉水滋润，生长期较长，因此其米质非常好，营养价值也高。但在旧社会，由于山区的稻谷加工条件差，基本上靠杵春米，加上红米稻的稻皮坚韧，加工出来的大米都较粗糙，食用时很难吞咽，所以被富人视为次等粮，只有贫苦农民食用。现在，随着机器加工的普及，与当年已大不相同，经过精细加工的红米，已制成了红米粥、红米酒等系列产品。

营养价值

红米其米色粉红，有糯性，米粒特长，有香气，含有丰富的淀粉与植物蛋白质，可补充消耗的体力及维持身体正常体温。它富含众多的营养素，其中以铁质最为丰富，故有补血及预防贫血的功效。而其内含丰富的磷和维生素A群、维生素B群，则能改善营养不良、夜盲症和脚气病等症，还能有效缓解疲劳、精神不振和失眠等症状。其所含的泛酸、维生素E、谷胱甘膦胺酸等物质，则有抑制致癌物质的作用，尤其对预防结肠癌的作用更是明显。

食疗作用

红米性温、味甘，可活血消食，健脾暖胃，温中益气。

明代李时珍在《本草纲目》中评价它说："此乃人窥造化之巧者也"，"奇药也"。在许多古代中药典集中也载有红米具有化瘀、消食等功效，用于治疗食积饱胀、产后恶露不净和跌打损伤等症。

选购和清洗

挑选红米时，以外观饱满、完整、带有光泽、无虫蛀、无破碎现象为佳。

红米装于盆内，加适量清水，淘洗2~3次，去杂质即可。

制作指导

1. 可做饭、粥，也可做汤羹，还可加工成风味小吃，用红米酿成的红米酒就备受女性青睐，因为它呈现红葡萄酒一样的红色，味道柔和、喝过后余味良好。

2. 红米不易煮熟，无论是煮粥还是煮饭，最好提前用清水浸泡一夜。

3. 红米饭应该趁热食用，以免凉后有略硬的现象；肠胃功能不佳者，不宜多食。

黑米

营养价值

　　黑米营养丰富，含有蛋白质、脂肪、B族维生素、钙、磷、铁、锌等物质，营养价值高于普通稻米。它能明显提高人体血色素和血红蛋白的含量，有利于心血管系统的保健，有利于儿童骨骼和大脑的发育，并可促进产妇、病后体虚者的康复，所以它是一种理想的营养保健食品。但消化功能较弱的幼儿和老弱病人不宜食用。

食疗作用

　　黑米的药用价值比较高，在《本草纲目》中记载：有滋阴补肾、健脾暖肝、明目活血的功效。用它入药，对头昏、贫血、白发、眼疾等疗效甚佳。黑米具有滋阴补肾、健脾暖肝、补益脾胃、益气活血、养肝明目等疗效。经常食用黑米，有利于防治头昏、目眩、贫血、白发、眼疾、腰膝酸软、肺燥咳嗽、大便秘结、小便不利、肾虚水肿、食欲不振、脾胃虚弱等症。

　　黑米，称黑贡米，因被历代皇帝所享用，故以黑贡米久负盛名。黑米外表油亮，清香可口，有很好的滋补作用，被誉为"补血米"、"长寿米"。黑米比普通大米更具营养，有"黑珍珠"、"世界米中之王"的美誉。黑米是一种药食兼用的大米，米质佳，口味好。黑米食用价值高，除煮粥外，还可以制作各种营养食品和用来酿酒。

制作指导

1. 黑米可以做成粥、点心、汤圆、粽子等。
2. 因为黑米不易煮烂，应先浸泡一夜再煮。
3. 在做粥时，黑米必须熬煮至烂熟方可食用，如不煮烂很难被胃酸和消化酶分解消化，容易引起消化不良与急性肠胃炎。

紫米

紫米是水稻中的一种，因碾出的米粒细长呈紫色，故名紫米。全国仅有湖南、陕西汉中、四川、贵州、云南有少量栽培，是较珍贵的水稻品种。它与普通大米的区别是它的种皮有一薄层紫色物质。紫米煮饭，味极香，而且又糯，民间用其作为补品，有紫糯米或"药谷"之称。由于紫米有种种优点而且产量不高，所以更显得珍贵。

紫米不但香软可口，而且富含各种有益的矿物质，弥足珍贵。

营养价值

每千克紫米含铁 16.72 毫克，比一般精米高 248.3%；每千克紫米含钙 138.55 毫克，比一般精米高 116.5%；每千克紫米含锌 23.63 毫克，比一般精米高 81.8%；每千克紫米含硒 0.08 毫克，比一般精米高 17.8%。

食疗作用

紫米的药用价值比较高，《本草纲目》记载：紫米有滋阴补肾、健脾暖肝、明目活血等作用。紫米中的膳食纤维含量十分丰富，能够降低血液中胆固醇的含量，有助预防冠状动脉硬化引起的心脏病。

制作指导

1. 煮饭：紫米很难煮，建议先浸泡 1~2 小时。与白米拼配蒸或煮，按 1：3 的比例掺和（即四分之一的紫米与四分之三的白米），用高压锅煮饭 30 分钟，香气扑鼻，口感极佳。

2. 煮粥：与糯米按 2：1 的比例掺和（即三分之二的紫米和三分之一的糯米），加入适量水，用高压锅熬粥 30 分钟，清香怡人，黏稠爽口，亦可根据个人喜好加入适量黑豆、花生、红枣等，风味甚佳。

3. 可以炖排骨，还可做粽子、米粉粑、点心、汤圆、面包、紫米酒等。

4. 紫米的紫色易溶于水，可用冷水轻轻淘洗，不用揉搓。

紫米和黑米的区别

实际紫米就是黑糯米，而黑米却是黑大米。这两者都是稻米中的珍品，它是近年国际流行的"健康食品"之一。减肥建议还是吃黑米，紫米由于是糯米，所以不适合立志减肥的人吃。

薏米

薏米又名薏苡仁、苡米、苡仁、薏仁、薏珠子、草珠珠、回回米、米仁、六谷子。

营养价值

薏米中含有多种维生素和矿物质，有促进新陈代谢和减少胃肠负担的作用，可作为病中或病后体弱患者的补益食品，其中所含的维生素E，可以保持人体皮肤光泽细腻，消除粉刺、色斑，改善肤色。另外，经常食用薏米食品对慢性肠炎、消化不良等症也有效果。此外，薏米能增强肾功能，并有清热利尿作用，对浮肿病人也有疗效。

食疗作用

薏米味甘、淡，性微寒，入脾、胃、肺经，对脾虚腹泻、肌肉酸重、关节疼痛等症有治疗和预防作用。经常食用薏米食品对慢性肠炎、消化不良等症也有效果。正常健康人常食薏米食品，既可化湿利尿，又使身体轻捷，还可减少患癌的概率。薏米对于美容的功效也十分显著，它能够使皮肤光滑，减少皱纹，消除色素斑点，对面部粉刺及皮肤粗糙有明显疗效，故而各大护肤品都少不了添加薏米萃取物。薏米微寒而不伤胃，益脾而不滋腻，孕妇、小便多者、津液不足、滑精者不宜大量食用。

制作指导

1. 薏米用做粮食吃，煮粥、做汤均可。夏秋季和冬瓜煮汤，既可佐餐食用，又能清暑利湿。

2. 将鲜奶煮沸，加入薏仁粉适量，搅拌均匀后食用。常食可保持皮肤光泽细腻，消除粉刺、雀斑、老年斑、妊娠斑、蝴蝶斑。

3. 薏仁较难煮熟，在煮之前需以温水浸泡2~3小时，让它充分吸收水分，在吸收了水分后再与其他米类一起煮就很容易熟了。

煮出香糯弹牙好米饭

不管你爱吃的是硬饭还是软饭，炒饭好吃的第一要素就是粒粒分明。要做到这点，就要从煮饭谈起。如能掌握这些基础知识，不管用电锅煮，还是捞饭等等，你都可以煮出美味可口、香糯弹牙的米饭来。

电锅煮饭

很多人认为，电锅煮饭很简单，洗米、加水、插电、按下按钮，即可。但是要煮出好吃的米饭，可没有想象的那么简单。

将米淘净以后，在清水里浸泡 30 分钟，既吸水膨胀又缩短煮熟时间，这样煮出的米饭不会干硬。水要适量，一般水的高度大约在米层上面的 2～3 厘米。当电饭锅里的米饭沸腾的时候，关闭电源开关 10 分钟，利用电热盘的余热焖煮后再通电。当电饭锅的红灯灭，黄灯亮的时候，可以关闭电源开关，别急着掀开锅盖，让锅里的米饭再焖 5～10 分钟，因为米粒会多少吸收米粒表层的水蒸气。将米粒拌松，放出多余的水分蒸发，这样才能吃到好吃的米饭。

捞饭

现在捞饭的做法不多了，但是各大饭店都推出海鲜捞饭、鱼翅捞饭等等，一直受到很多人的追捧。其实捞饭一般的做法就是将大米淘净以后，浸泡半个小时，锅里放入大量的水，等水开后再将米放入锅里，需经常搅动，防止粘锅，直到再次开锅。直到大米煮到吃起来有一点硬心为宜，立即将大米捞取出来，放到屉布上再蒸。等锅里的水开后15 分钟，关火即可。

捞饭蒸熟以后特别香，而且粒粒分明，有的还带有木或竹子的清香。

蒸饭

蒸饭是最能坚持米饭原汁原味、保存米中营养的烹饪方法，而且不管是新米还是陈米，都能蒸出香气怡人、粒粒晶莹的米饭。

蒸饭的时候一定要注意以下几点：

第一，洗米不要超过 3 次，也不要用力淘米。否则米里的营养就会大量流失，这样蒸出来的米饭香味也会减少。

第二，把洗好的米放在冷水里浸泡 1 个小时，可以吸收充分的水分，这样蒸出来的米饭才能粒粒饱满、芳香四溢。

第三，蒸米饭的时候，加水，用食指放入米水里，水的高度到食指的第一个关节就可以。

第四，在锅里加入少量的精盐或花生油，大火蒸饭即可。

只要您记住这四大秘籍，一定也会蒸出香甜可口的米饭。

米饭的健康吃法

米是五谷之首，是中国人的主食之一，无论是家庭用餐还是去餐馆，米饭都是必不可少的，其营养保健价值如何，与每个人的健康关系极为密切。如果每天都想一想以下这些吃米饭的健康原则，日积月累，不知不觉中就能起到防病抗衰的作用。

一、尽量让米"粗"

所谓粗，就是要尽量减少精白米饭，一些营养保健价值较高的米，如糙米、黑米等，都有着比较"粗"的口感。虽说"粗"有益健康，但每天吃百分之百的糙米饭，也许难以长期坚持。因此，在煮饭的时候，不妨用部分糙米、大麦、燕麦等"粗"粮和米饭"合作"，口感就会比较容易接受。最好先把"粗"原料放在水里泡一夜，以便煮的时候与米同时熟。

二、尽量让米"色"

白米饭维生素含量很低，如果选择有色的米，并用其他的食物配合米饭，让米饭变得五颜六色，就能在很大程度上改善其营养价值。比如，煮饭时加入绿色的豌豆、橙红色的胡萝卜、黄色的玉米粒相配合，既美观，又提供了维生素和类胡萝卜素抗氧化成分，特别有利于预防眼睛的衰老。又如，选择紫米、黑米与白米搭配食用，也能提供大量的花青素类抗氧化成分，帮助预防心血管疾病。

三、尽量让米"乱"

在烹调米饭米粥时，最好不要用单一的米，而是米、粗粮、豆子、坚果等一起同煮。比如，红豆大米饭、花生燕麦大米粥等，就是非常健康的米食。加入这些材料，一方面增加了B族维生素和矿物质，另一方面还能起到蛋白质营养互补的作用，能够在减少动物性食物的同时保证充足的营养供应。

四、尽量不食冷藏的米饭

米的主要成分是淀粉，而淀粉是一类由成千上万个小分子葡萄糖通过氢键联结起来的大分子化合物。它的特点是具有很规则的晶状结构，且不溶于冷水，也不能被人体消化系统的淀粉酶分解。做饭时，大米在水中加热，淀粉分子吸收水分后会膨胀，并使其中的部分氢键断裂，从而使米饭变得柔软、黏稠，这些变化就是"熟化"或"糊化"过程。所以，刚做好的新鲜米饭松软可口，容易消化。

第 二 章

垂涎欲滴的黄金炒饭

生活忙碌异常，

味觉也变得挑剔十足，

一盘金灿灿的黄金炒饭端上桌中，

既可单独享食，

又可搭配一两个可口的小菜。

就着锅子的余温尝上一口，

细嚼慢咽，

香滑的口感顿时在嘴中蔓延开来。

这时候，你才知道，

挥之不去的，

是那一粒粒黏人的米粒，

和那一直在舌尖萦绕不肯离去的清香。

炒出好饭有技巧

炒 饭看似简单，但是最考验一个人的厨艺水平了，不是所有的人都能做好炒饭的。即使饭店的大厨，也不一定就能炒出令人垂涎欲滴的好米饭来。

第一步 洗米要快速

洗米的标准动作是以画圆的方式快速淘洗，再马上把水倒掉，如此反复动作，至水不再浑浊。洗的动作要轻柔，以免破坏掉米中的营养素。洗米主要是为了去掉沾在米上的杂质或米虫，所以洗的动作要快，倒水的动作也要快。

第二步　加水要适量

每一种米的搭配水量各有不同，如在选购米时，包装上的说明都会标示。如果是预计要用来做炒饭的米饭，水量应比一般米饭的水量减少，减少的水量约在10%～20%之间。

第三步　入锅有讲究

要想煮出香滑的米饭，可以在锅内加完水后滴入少许的色拉油或白醋，再用筷子拌一下，或是盖上锅盖浸泡一段时间，浸泡的时间是依米的品种和气候而有所不同。例如冬天就要比夏天多浸泡15分钟左右。

第四步　拌饭有技巧

饭煮好，电锅开关跳起后，先以饭勺将饭拨松后，再焖约20分钟。这个动作的目的是要让所有米饭都能均匀地吸收水分。拨松的动作要趁热做，才能维持米饭颗粒的完整度，如果在米饭冷却后才做拨松的动作，很容易破坏掉米饭的颗粒，饭就不好吃了。

第五步　摊凉要及时

将煮好拨松的米饭，直接摊开放于器皿上待凉，如此将可让米饭冷却的速度加快。

第六步　冷藏要分开

将冷却的米饭密封包装，并挤去多余的空气，整平后再直接放入冰箱中冷藏。建议可以少分量分装多包，这样再次使用时会比较方便。

第七步　洒水要少量

从冰箱冷藏中取出的冷饭，先洒上少许的水，再作运用。这个动作是要让冷饭软化，且容易抓松，如果米饭尚未软化，就强制抓松，容易破坏米饭的颗粒，会影响炒饭的美味。

第八步　抓松是前提

冷藏后的米饭容易结块，所以一定要先抓松结块的米饭后，才可运用于炒饭料理中。

第九步　火候是关键

炒饭的时候不要放太多的油和盐，掌握好火候才是炒饭的关键因素，火候过度感觉味同嚼蜡，火候不到，米饭与菜无法融合，就会失去味道。

鲜美爽口的
鲍汁海鲜炒饭

原材料 ↘
米饭150克，虾仁、蟹柳各40克，鸡蛋1个，干贝、菜梗各适量

调味料 ↘
盐2克，胡椒粉、生抽、鲍汁、料酒各适量

制作步骤 ↘
1. 虾仁洗净，切丁，加盐、胡椒粉腌渍片刻；蟹柳洗净，切丁；鸡蛋磕入碗中，搅拌成蛋液；菜梗洗净，切粒；干贝洗净，用温水泡发，撕成丝。
2. 锅中入油烧热，倒入虾仁、蟹柳过油后盛出。
3. 再热油锅，倒入蛋液，待其凝固时，加入米饭炒散，放入菜梗、干贝，调入盐、生抽炒匀。
4. 再加入虾仁、蟹柳，调入鲍汁、料酒翻炒均匀，起锅盛入盘中即可。

特别解说　作为调味品的鲍鱼汁是发制鲍鱼时所得的原汁，其原料并非只用鲍鱼，还使用其他辅料，如鸡肉、火腿、猪皮、排骨等，系用多种原料经过长时间煲制而成的，浓缩了鲍鱼的鲜香之味和营养。

受欢迎指数：★★★★☆

受欢迎指数：★★★★★

原材料 ↘

米饭 150 克，鸡蛋 1 个，剁椒适量

调味料 ↘

胡椒粉、老抽、香油各适量

※ 制作点睛 ※

剁椒比较咸，在炒饭时，
只需加点老抽，不需要再放盐。

制作步骤 ↘

1. 鸡蛋磕入碗中，搅散成蛋液。

2. 锅中入油烧热，倒入蛋液炒至凝固时，加入凉好的米饭炒散。

3. 调入胡椒粉、老抽翻炒均匀，再入剁椒同炒片刻，淋入香油，起锅盛入盘中即可。

咸辣可口的 **剁椒炒饭**

特别解说

剁椒酱也可以自己在家做，只要准备好红辣椒、蒜、姜、盐、糖、高度白酒就可以了，鲜红辣椒剁成辣椒碎，蒜捣成蒜蓉，姜捣成姜蓉，将辣椒碎、蒜蓉、姜蓉放入盆中，加入盐、糖搅拌均匀，放置 10 分钟后，再搅拌一次，然后把剁椒酱放入干净无水的瓶里，均匀洒入白酒，盖上瓶子。约 5 个小时后放入冰箱，几天以后就可以吃了。

香喷喷的 蛋炒饭

原材料 ↘

米饭150克，鸡蛋1个，葱适量

调味料 ↘

盐、胡椒粉各2克，香油适量

制作步骤 ↘

1. 鸡蛋磕入碗中，搅散成蛋液；葱洗净，切葱花。
2. 锅中入油烧热，倒入蛋液炒至八成熟时，加入米饭炒散。
3. 调入盐、胡椒粉、香油炒匀，再入葱花稍炒片刻，起锅盛入盘中即可。

健康解密

鸡蛋含有丰富的蛋白质、脂肪、维生素和铁、钙、钾等人体所需要的矿物质，其蛋白质是自然界最优良的蛋白质，对肝脏组织损伤有修复作用；同时富含DHA和卵磷脂、卵黄素，对神经系统和身体发育有利，能健脑益智，改善记忆力。

※ 制作点睛 ※

　　炒蛋花时，鸡蛋倒进锅后，马上用筷子在锅里快速搅动，这样出来的蛋花颗粒较小，较均匀。还有一种懒人做法就是鸡蛋打散成蛋液，将蛋液拌匀，然后把蛋液放入米饭里，搅打均匀，然后起油锅，入锅炒熟。

受欢迎指数：★★★★★

受欢迎指数：★★★★☆

原材料 ↘

米饭 150 克，广式腊肠、腊肉各 30 克，
鸡蛋 1 个，白菜、菜梗各适量

调味料 ↘

盐、胡椒粉、香油各适量

制作步骤 ↘

1. 腊肠洗净，切小丁；腊肉用温水浸泡后洗净，切丁；鸡蛋磕入碗中，搅拌成蛋液；白菜、菜梗均洗净，切粒。

2. 锅中入油烧热，入腊肉、腊肠煸炒片刻，倒入蛋液炒至凝固时，加入米饭翻炒均匀。

3. 再放入白菜、菜梗同炒至熟，调入盐、胡椒粉、香油炒匀，起锅盛入盘中即可。

※ 制作点睛 ※

广式腊肉比较香，而且不咸，但是其比较干硬，一定先要泡软再用。

诱人食欲的**腊味炒饭**

健康解密

广式腊肉的原料采用肋条肉，切成条状，腌渍、烘焙制作而成，含有丰富的优质蛋白质和必需的脂肪酸，并提供血红素（有机铁）和促进铁吸收的半胱氨酸，能改善缺铁性贫血，味道鲜美，利于保存，但其中胆固醇含量偏高，肥胖人群及血脂较高者不宜多食。

鲜美爽口的 青蟹八宝饭

原材料 ↘
糯米 100 克，青蟹 1 只，火腿、虾米、
白果仁、花生仁、冬菇丁、冬笋片、蒜薹、
葱段、姜片各适量

调味料 ↘
盐、胡椒粉、老抽、料酒各适量

制作步骤 ↘

1. 糯米淘洗干净，加适量清水煮熟；白果仁、花生仁均洗净，再一同蒸熟；
   青蟹处理干净，蟹壳留整，其余部分剁成块；蒜薹洗净，切粒；火腿洗净，
   切小丁。

2. 将糯米饭、白果仁、花生仁、冬菇丁、冬笋片、火腿丁、虾米、蒜薹混合，
   加入盐、胡椒粉、料酒、老抽和适量油拌匀，盛入碗中。

3. 将处理好的青蟹覆盖在米饭上，放上葱段、姜片，将备好的材料放入锅中
   蒸制，待青蟹肉蒸熟后，去除葱段、姜片即可。

特别解说

　　八宝饭是用糯米加多种辅料蒸制的甜食，所加之物，各地不尽相同，
流行于全国，江南尤盛。但是，这款青蟹八宝饭却有别于传统的八宝饭，
其将青蟹与其他辅料合理搭配，是一款咸鲜适口的佳肴。

受欢迎指数：★★★★☆

受欢迎指数：★★★☆☆

原材料 ↘

米饭 120 克，牛舌 250 克，鸡蛋 1 个，辣白菜、嫩豌豆、嫩玉米粒、大葱、姜、干红椒、葱、白芝麻各适量

调味料 ↘

盐、胡椒粉、老抽、料酒、香油各适量

制作步骤 ↘

1. 牛舌洗净，放入沸水锅中稍煮后捞出，刮去舌苔，再以清水冲洗干净；大葱洗净，切段；姜去皮，洗净，切片。

2. 净锅置火上，注入适量清水烧开，放入牛舌，加入一半的葱段和姜片，烹入料酒，以中火煮至断生时捞出，切大片。

3. 油锅烧热，入干红椒和剩下的葱段、姜片爆香后捞除，放入切好的牛舌炒片刻，注入适量高汤，调入盐、胡椒粉、老抽，以小火烧至牛舌熟透入味、汤汁浓稠时，起锅盛入盘中，撒上白芝麻。

4. 辣白菜切碎；嫩豌豆、嫩玉米粒均洗净，焯水后捞出；鸡蛋磕入碗中，搅散成蛋液；葱洗净，切葱花。

5. 锅中入油烧热，倒入蛋液，待其凝固时，再入米饭炒散，加入嫩豌豆、嫩玉米粒、辣白菜翻炒均匀，调入盐、香油炒匀，入葱花稍炒后，起锅盛于牛舌旁边即可。

特别解说 辣白菜是一种朝鲜族的传统发酵食品，特点是辣、脆、酸、甜，色白带红，四季皆宜。每当深秋来临之时，便是朝鲜族家庭腌渍辣白菜的季节，家庭主妇们互相帮助，彼此交流制法，像节日一样愉快地忙碌着。

回味无穷的 **烧牛舌配炒饭**

色泽诱人的

三鲜炒饭

原材料 ↘

米饭150克，鸡蛋1个，鱿鱼、虾仁、红黄甜椒、菠萝肉各适量

调味料 ↘

盐、胡椒粉、生抽、甜辣酱各适量

制作步骤 ↘

1. 鱿鱼处理干净，切小块，加盐、料酒腌渍；虾仁洗净，加盐、料酒腌渍；红黄甜椒均洗净，切小片；菠萝肉切丁，加盐水浸泡；鸡蛋磕入碗中，搅散成蛋液，倒入米饭中搅拌均匀。
2. 油锅烧热，入鱿鱼、虾仁过油后盛出。
3. 再热油锅，倒入拌好的米饭炒散，放入红、黄甜椒翻炒均匀。
4. 调入盐、胡椒粉、生抽、甜辣酱炒匀，加入鱿鱼、虾仁、菠萝肉同炒片刻，起锅盛入盘中即可。

受欢迎指数：★★★☆☆

受欢迎指数：★★★☆☆

原材料 ↘

米饭 180 克，鸡蛋 1 个，叉烧 100 克，嫩玉米粒、青红椒各适量

调味料 ↘

盐、胡椒粉、香油各适量

制作步骤 ↘

1. 将叉烧切成小颗粒；嫩玉米粒洗净，焯水后捞出；青红椒洗净，切碎粒；鸡蛋磕入碗中，搅散成蛋液。
2. 锅中入少许油烧热，倒入蛋液炒散至凝固时盛出。
3. 再热油锅，入米饭炒散，加入叉烧、蛋碎、青红椒、嫩玉米粒翻炒均匀，调入盐、胡椒粉、香油炒匀，起锅盛入碗中即可。

※ 制作点睛 ※

　　制作这款炒饭时，要使米饭粒粒分开，还可将青红椒换成青豆和胡萝卜，色泽、味道也不错。

色明味美的 **宝藤炒饭**

味鲜诱人的
薄壳米芥蓝炒饭

原材料 ↘
米饭200克，薄壳米100克，鸡蛋1个，芥蓝适量

调味料 ↘
盐3克，生抽、料酒各适量

制作步骤 ↘
1. 薄壳米洗净沥干水分；芥蓝洗净，切碎；鸡蛋磕入碗中，搅散成蛋液。
2. 锅中入少许油烧热，放入薄壳米翻炒片刻，加少许盐炒匀，盛出待用。
3. 再热油锅，倒入蛋液，待其凝固时，加入米饭炒散，调入盐、生抽炒匀，再加入薄壳米同炒片刻，烹入料酒，起锅盛入碗中即可。

特别解说

　　薄壳米是一种独特海味，肉质肥嫩，味道鲜美。薄壳，学名寻氏肌蛤，因壳薄故而称为薄壳，属贝类海产品，生长繁殖在浅海湾的滩涂中，有野生的和人工放养的，常成片粘连在一起，用足丝黏附在泥沙石上。渔民们采捞后，经加工脱壳煮熟，捞取其肥嫩肉块而俗称薄壳米。

受欢迎指数：★★★★☆

受欢迎指数：★★★★☆

原材料 ↘
米饭 180 克，鸡蛋 1 个，麻辣酱牛肉 100 克，酸笋 80 克，葱少许

调味料 ↘
盐 3 克，生抽、辣椒粉、香油各适量

制作步骤 ↘

1. 将麻辣酱牛肉切片；酸笋切小段；鸡蛋磕入碗中，搅散成蛋液，倒入米饭中搅拌均匀；葱洗净，切葱花。
2. 锅中入油烧热，倒入拌好的米饭炒散，加入切好的牛肉、酸笋翻炒均匀。
3. 调入盐、生抽、辣椒粉、香油炒匀，加入葱花快速翻炒，起锅盛入盘中即可。

※ 制作点睛 ※

最后加入葱花时，翻炒的速度一定要快，而且出锅也要快，翻炒时间约为 3 秒；如果没有酸笋，也可用鲜笋代替来做这款炒饭，也很好吃。

特别解说

　　酸笋是用刚出土的嫩笋焯水后再用清水浸泡发酵的产物，是福建、广东、广西、云南、海南等省常见的食物。因为经过发酵慢慢变酸，泡好的酸笋会有一股浓厚的酸腐气。打开盛装酸笋的容器，这气味立刻汹涌而出，而且久久不散。第一次闻到这种味道的人多少会有些不适应，就好像不吃臭豆腐的人第一次闻到臭豆腐味道时一样。而热爱酸笋的人却是闻后精神大振，甚至忍不住分泌口水。

香味浓郁的 麻辣牛肉炒饭

光鲜亮丽的 扬州炒饭

原材料 ↘

米饭 150 克，虾仁 40 克，鸡蛋 1 个，火腿、胡萝卜、嫩豌豆各适量

调味料 ↘

盐、料酒、白醋、香油各适量

制作步骤 ↘

1. 虾仁洗净，加盐、料酒腌渍；鸡蛋磕入碗中，搅散成蛋液；嫩豌豆洗净；火腿洗净，切小粒；胡萝卜去皮、洗净，切小粒，与嫩豌豆一同焯水后捞出。
2. 油锅烧热，入虾仁过油后盛出。
3. 再热油锅，入蛋液快速炒散，倒入米饭翻炒均匀，加入虾仁、火腿、胡萝卜、嫩豌豆同炒片刻。
4. 调入盐、白醋、香油炒匀，起锅盛入盘中即可。

特别解说

扬州炒饭又名扬州蛋炒饭，原流传于民间，相传源自隋朝越国公杨素爱吃的碎金饭，即蛋炒饭。隋炀帝巡视江都（今扬州）时，随之也将蛋炒饭传入扬州，后经历代厨坛高手逐步创新，糅合进淮扬菜肴"选料严谨，制作精细，加工讲究，注重配色，原汁原味"的特色，终于发展成为淮扬风味有名的主食之一。

受欢迎指数：★★★★★

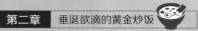

原材料 ↘

米饭180克，青菜、胡萝卜各适量

调味料 ↘

盐2克，胡椒粉、香油各适量

制作步骤 ↘

1. 青菜洗净，切碎；胡萝卜去皮、洗净，切小片。
2. 油锅烧热，入胡萝卜炒片刻，倒入米饭翻炒均匀，加入青菜同炒，调入盐、胡椒粉炒匀，
   淋入香油，起锅盛入盘中即可。

※ 制作点睛 ※

制作这款炒饭时，要将胡萝卜先炒，青菜易熟，只需在最后加入稍炒即可。

受欢迎指数：★★★★☆

色泽鲜明的 **农家菜炒饭**

健康解密

胡萝卜中含有大量胡萝卜素，这种胡萝卜素的分子结构相当于2个分子的维生素A，进入机体后，在肝脏及小肠黏膜内经过酶的作用，其中50%变成维生素A，有补肝明目的作用，可治疗夜盲症。此外，胡萝卜含有植物纤维，吸水性强，在肠道中体积容易膨胀，是肠道中的"充盈物质"，可加强肠道的蠕动，从而利膈宽肠，通便防癌。

酸甜可口的

菠萝海鲜炒饭

原材料 ↘

米饭150克，菠萝1个，虾、腰果、胡萝卜、菜梗各适量

调味料 ↘

盐3克，胡椒粉、黄姜粉、生抽、料酒各适量

制作步骤 ↘

1. 将菠萝横切开1/4，取肉切丁，用盐水浸泡，壳制成碗状；虾处理干净，加料酒腌渍；胡萝卜去皮、洗净，切碎粒；菜梗洗净，切粒。
2. 锅中入油烧热，入虾仁稍炒后盛出。
3. 再热油锅，入米饭炒散，加入胡萝卜、菜梗翻炒均匀，调入盐、胡椒粉、黄姜粉、生抽炒匀，再入虾仁、腰果翻炒片刻，起锅盛入充当容器的菠萝壳中即可。

※ 制作点睛 ※

菠萝泡盐水会更甜；菠萝头尾位置肉质比较硬，可以不要；炒饭时火要旺，炒饭的速度要快，否则米粒易焦硬。

健康解密

菠萝性味甘平，具有健胃消食、补脾止泻、清胃解渴等功用。菠萝中含有一种叫"菠萝朊酶"的物质，它能分解蛋白质，溶解阻塞于组织中的纤维蛋白和血凝块，改善局部的血液循环，消除炎症和水肿。此外，菠萝中所含糖、盐类和酶有利尿作用，适当食用对肾炎，高血压病患者有益。

受欢迎指数：★★★★★

※ 制作点睛 ※

蟹子不要炒过火，以保证其鲜味。

健康解密

这款炒饭中含有丰富的蛋白质、脂肪、维生素和铁、钙、钾等人体所需要的矿物质，蛋白质为优质蛋白，对肝脏组织损伤有修复作用。此外，还含有较多的维生素B和其他微量元素，可以分解和氧化人体内的致癌物质，具有防癌作用。

受欢迎指数：★★★★☆

颗粒分明的 蟹子炒饭

原材料 ↘
米饭180克，鸡蛋1个，蟹子、葱各适量

调味料 ↘
盐3克，胡椒粉、生抽各适量

制作步骤 ↘
1. 鸡蛋磕入碗中，搅散成蛋液；葱洗净，切葱花。
2. 锅中入油烧热，入蛋液炒散至凝固时盛出，待用。
3. 再热油锅，倒入米饭炒至颗粒分明时，加入蛋碎、蟹子同炒片刻，调入盐、胡椒粉、生抽炒匀，入葱花稍炒后，起锅盛入盘中即可。

搭配巧妙的 六合炒饭

原材料 ↘
米饭 200 克，鸡蛋 1 个，虾仁、干贝、菜梗各适量

调味料 ↘
盐 3 克，胡椒粉、料酒、香油各适量

制作步骤 ↘
1. 虾仁洗净，切丁，加料酒腌渍；菜梗洗净，切粒；干贝洗净，入锅蒸制后取出，撕成丝；鸡蛋取蛋清，搅匀。
2. 锅中入油烧热，将蛋清下锅炒至半熟时，加入干贝丝，倒入米饭炒散，再放入虾仁、菜梗翻炒均匀，调入盐、胡椒粉、香油炒匀，起锅盛入盘中即可。

受欢迎指数：★★★★★

※ 制作点睛 ※

虾仁、鸡蛋、干贝都是特别鲜美的食物，所以不用再加味精；蛋清不要炒得过老过硬，以免影响整个炒饭的风味。

受欢迎指数：★★★☆☆

原材料 ↘

米饭150克，咸肉50克，青菜80克

调味料 ↘

胡椒粉2克，白醋、香油各适量

制作步骤 ↘

1. 青菜洗净，切碎；咸肉洗净，切小丁。

2. 锅内入油烧热，入咸肉煸炒至出油时，倒入青菜翻炒，再入米饭不停炒至饭粒散开。

3. 调入胡椒粉、白醋、香油炒匀，起锅盛入盘中即可。

※ 制作点睛 ※

　　用大火快炒蔬菜，这样不仅色美味好，而且菜里的营养素损失得也最少。若在炒菜时加些醋，还很利于维生素的保存。

咸鲜鲜明的 **咸肉菜饭**

健康解密　　咸肉是用食盐腌渍的，由于味美可口，又能长期保存，深受消费者欢迎。咸肉是大众化的食品，咸肉中磷、钾、钠的含量丰富，还含有脂肪、蛋白质等元素；咸肉具有开胃祛寒、消食等功效。炒饭中搭配维生素丰富的青菜，两者相得益彰，营养也达到互为补充。但老年人、胃和十二指肠溃疡患者禁食。

营养健康的
红米炒饭

原材料 ↘

红米饭 80 克，白米饭 100 克，干贝、松仁各适量

调味料 ↘

盐少许

制作步骤 ↘

1. 干贝洗净，入锅蒸制后取出，撕成丝。
2. 锅中入油烧热，入红米饭与白米饭一同炒散，调入盐翻炒均匀。
3. 加入干贝、松仁同炒片刻，起锅盛入盘中即可。

※ 制作点睛 ※

挑选红米时，以外观饱满、完整、带有光泽、无虫蛀、无破碎现象为佳；红米饭应该趁热食用，以免凉后有略硬的现象。

健康解密

红米含有丰富的淀粉与植物蛋白质，可补充消耗的体力及维持身体正常体温。它富含众多的营养素，其中以铁质最为丰富，故有补血及预防贫血的功效。而其内含丰富的磷、维生素A、B群，则能改善营养不良、夜盲症和脚气病等。此外，其所含的维生素B_5、维生素E、谷胱甘膦胺酸等物质，则有抑制致癌物质的作用，尤其对预防结肠癌的作用更是明显。

受欢迎指数：★★★★☆

受欢迎指数：★★★☆☆

原材料 ↘

米饭 180 克，鸡蛋 1 个，培根、青菜、酸笋各适量

调味料 ↘

盐、胡椒粉、生抽、辣椒酱各适量

制作步骤 ↘

1. 培根洗净，切片；青菜洗净，切碎；酸笋切小段；鸡蛋磕入碗中，搅散成蛋液。
2. 锅中入油烧热，倒入蛋液炒散至凝固时盛出，待用。
3. 再热油锅，入米饭炒散，加入培根翻炒均匀，再入酸笋、青菜、鸡蛋碎同炒片刻。
4. 调入盐、胡椒粉、生抽、辣椒酱炒匀，起锅盛入盘中即可。

特别解说

　　培根选用新鲜的带皮五花肉，分割成块，用盐和少量亚硝酸钠或硝酸钠、黑胡椒、丁香、香叶、茴香等香料腌渍，再经风干或熏制而成，其均匀分布的油脂滑而不腻，咸度适中，风味十足。

咸鲜飘香的 **培根炒饭**

简单快捷的
特色鹅肝炒饭

原材料 ↘
米饭 180 克，鸡蛋 1 个，鹅肝、胡萝卜、葱、面粉各适量

调味料 ↘
盐 3 克，黑胡椒粉、生抽、香油各适量

制作步骤 ↘
1. 鹅肝洗净，切片，在其表面抹上盐、黑胡椒粉，并蘸上面粉；胡萝卜去皮、洗净，切碎粒；葱洗净，切葱花；鸡蛋磕入碗中，搅散成蛋液。
2. 锅中入油烧热，入鹅肝煎至两面均呈金黄色时盛出，稍凉后切小丁。
3. 再热油锅，入蛋液滑散，加入米饭、胡萝卜翻炒均匀，再入鹅肝同炒，调入盐、生抽、香油炒匀，起锅盛入盘中，撒上葱花即可。

受欢迎指数：★★★★★

健康解密
鹅肝含碳水化合物、蛋白质、脂肪和铁、锌、铜、钾、磷、钠等矿物质，能保护眼睛，维持正常视力，防止眼睛干涩、疲劳，还能维持健康的肤色，对皮肤的健美具有重要的意义。

特别解说
鹅肝含有油脂甘味的"谷氨酸"，故加热时产生诱人香味。在加热至35℃的时候，其脂肪即开始融化，故有入口即化之感觉。

※ 制作点睛 ※

可用黄油来炒这款饭，会令饭更香；腌渍虾仁的时候已加有盐，在炒饭时，盐的用量要适当减少。

受欢迎指数：★★★★★

原材料 ↘

米饭 150 克，虾仁 40 克，腊肉 30 克，鸡蛋 1 个，胡萝卜、菜梗、葱各适量

调味料 ↘

盐 2 克，胡椒粉、料酒、香油各适量

制作步骤 ↘

1. 虾仁洗净，加盐、料酒腌渍；腊肉用温水浸泡后洗净，切小片；胡萝卜去皮、洗净，切小丁；鸡蛋磕入碗中，搅散成蛋液；菜梗洗净，切碎；葱洗净，切小段。

2. 油锅烧热，入虾仁过油后盛出。

3. 锅中留油烧热，入腊肉煸炒后，倒入蛋液，待其凝固时，加入米饭、胡萝卜、菜梗不停翻炒。

4. 待炒至饭粒散开、材料均熟时，加入葱段稍炒，调入盐、胡椒粉、香油炒匀，起锅盛入盘中即可。

香软弹牙的 虾仁炒饭

健康解密

虾仁营养丰富，肉质松软，易消化，对身体虚弱以及病后需要调养的人是极好的食物。此外，虾肉中含有丰富的镁，能很好地保护心血管系统，它可减少血液中胆固醇含量，防止动脉硬化，同时还能扩张冠状动脉，有利于预防高血压及心肌梗死。

色味俱全的
什锦炒饭

原材料 ↘
米饭150克，鸡蛋2个，火腿、豌豆、嫩玉米粒、红椒、葱各适量

调味料 ↘
盐、胡椒粉、香油各适量

制作步骤 ↘
1. 鸡蛋磕入碗中，搅匀成蛋液；火腿、红椒均洗净，切细粒；豌豆、嫩玉米粒均洗净，放入沸水锅中焯水后捞出；葱洗净，切葱花。
2. 油锅烧热，倒入鸡蛋液炒熟后盛出。
3. 再热油锅，放入豌豆、玉米粒、火腿、红椒稍炒后，倒入米饭翻炒至米饭松散，加入炒好的鸡蛋，调入盐、胡椒粉、香油炒匀，起锅盛入盘中，撒上葱花即可。

※ 制作点睛 ※

可根据个人喜好，加入其他食材同炒，如黄瓜、胡萝卜等，颜色也更艳丽。

健康解密　　这款什锦炒饭取材方便，还富含蛋白质、维生素等成分，能够提供人体日常所需营养。

受欢迎指数：★★★★☆

受欢迎指数：★★★★★

原材料 ↘

米饭 150 克，鸡蛋 1 个，咸蛋黄 2 个，菜梗、葱各适量

调味料 ↘

盐 2 克，胡椒粉、生抽、香油各适量

制作步骤 ↘

1. 菜梗洗净，切粒；葱洗净，切葱花；咸蛋黄切碎；鸡蛋磕入碗中，搅散成蛋液。

2. 锅中入油烧热，倒入蛋液炒散至凝固时盛出。

3. 再热油锅，入咸蛋黄稍炒后，倒入米饭，放入菜梗翻炒均匀。

4. 调入盐、胡椒粉、生抽炒匀，加入鸡蛋、葱花炒片刻，淋入香油，起锅盛入盘中即可。

健康解密　这款炒饭中含丰富的卵磷脂、不饱和脂肪酸、氨基酸等人体所需的重要营养元素。

※ 制作点睛 ※

炒咸蛋黄时很快就会出泡，此时火要小，动作要快，以防煳锅；咸蛋黄本咸，再加盐时要适量。

粒粒分明的 **咸蛋菜粒炒饭**

五颜六色的
鳗鱼炒饭

原材料 ↘
米饭200克，冷冻蒲烧鳗鱼100克，胡萝卜、嫩豌豆、嫩玉米粒、葱各适量

调味料 ↘
盐、老抽各适量

制作步骤 ↘
1. 将冷冻蒲烧鳗鱼微微解冻后，切成小丁；胡萝卜去皮、洗净，切丁；嫩豌豆、嫩玉米粒均洗净，焯水后捞出；葱洗净，切葱花。
2. 锅中入油烧热，入胡萝卜稍炒后，倒入米饭炒散，加入鳗鱼丁翻炒均匀。
3. 调入盐、老抽炒匀，加入焯过水的嫩豌豆、嫩玉米粒同炒片刻，入葱花稍炒，起锅盛入盘中即可。

健康解密
鳗鱼肉含有丰富的优质蛋白和各种人体必需的氨基酸，具有补虚养血、祛湿、抗痨等功效，是久病、虚弱、贫血、肺结核等病人的良好营养品。

※ 制作点睛 ※
老抽要沿着锅边浇入，米饭的颜色才炒得均匀。

受欢迎指数：★★★★☆

受欢迎指数：★★★★☆

原材料 ↘

米饭 200 克，鸡蛋 2 个，葱少许

调味料 ↘

盐、胡椒粉、生抽、风味辣酱、香油各适量

制作步骤 ↘

1. 鸡蛋磕入碗中，搅散成蛋液，倒入米饭中搅拌均匀；葱洗净，切葱花。
2. 油锅烧热，倒入拌好的米饭炒散，调入盐、胡椒粉、生抽、风味辣酱翻炒均匀。
3. 待炒至饭粒分明时，加入葱花稍炒，淋入香油，起锅盛入碗中即可。

※ 制作点睛 ※

风味辣酱有盐分，因此，炒此饭时，尽量少加盐。

香飘四溢的 风味炒饭

健康解密　　这款炒饭制作简单便捷，且因为辣酱的加入，更别具一番风味。同时，鸡蛋含有大量的维生素、蛋白质和矿物质，是人类最好的营养来源之一。

风味十足的 四川炒饭

原材料 ↘

米饭150克，鸡蛋1个，火腿、虾仁、青红椒、葱各适量

调味料 ↘

盐、花椒粉、老抽、鲜味汁、辣椒油、香油各适量

制作步骤 ↘

1. 火腿、虾仁均洗净，切丁；青红椒均洗净，切小片；葱洗净，切葱花；鸡蛋磕入碗中，搅散成蛋液。

2. 锅中入油烧热，倒入蛋液滑散，加入米饭翻炒均匀，再入火腿、虾仁、青红椒同炒片刻。

3. 调入盐、花椒粉、老抽、鲜味汁、辣椒油炒匀，入葱花稍炒后，淋入香油，起锅盛入盘中即可。

健康解密　　火腿内含丰富的蛋白质和适度的脂肪及氨基酸、维生素、矿物质，且各种营养成分易被人体所吸收，具有养胃生津、益肾壮阳、固骨髓、健足力、愈创口等作用。

※ 制作点睛 ※

选购火腿时，要仔细看包装，产品要密封，无破损。熟肉制品一次购买量不宜过多。已开封的肉制品一定要密封，最好在冰箱中冷藏保存，并尽快食用。

受欢迎指数：★★★☆☆

原材料 ↘

米饭 150 克，鸡蛋 2 个，干贝少许，菜梗适量

调味料 ↘

盐、胡椒粉各适量

制作步骤 ↘

1. 干贝洗净，入锅蒸制后取出，撕成丝；鸡蛋取蛋清，搅匀；菜梗洗净，切粒。

2. 锅中入油烧热，将蛋清下锅炒至半熟时，加入米饭炒至米粒呈松散状，再放入干贝丝、菜梗翻炒均匀，调入盐、胡椒粉炒匀，起锅盛入盘中即可。

受欢迎指数：★★★★★

※ 制作点睛 ※

干贝本身极富鲜味，烹制时千万不要再加味精，也不宜多放盐，以免鲜味反失。

鲜味十足的 **鲜贝蛋白炒饭**

健康解密　　干贝中含一种具有降低血清胆固醇作用的代尔太 7-胆固醇和 24-亚甲基胆固醇，它们兼有抑制胆固醇在肝脏合成和加速排泄胆固醇的独特作用，从而起到降低胆固醇的作用。

食材多多的

秘制海鲜炒饭

原材料 ↘

米饭180克，鸡蛋1个，八爪鱼、鱿鱼须、虾仁、红腰豆、洋葱、青红椒、葱段、姜片各适量

调味料 ↘

盐、胡椒粉、生抽、料酒各适量

制作步骤 ↘

1. 八爪鱼处理干净，氽水后捞出；鱿鱼须洗净，切段，氽水后捞出；虾仁洗净，洋葱、青红椒均洗净，切小片；红腰豆洗净，入沸水锅中煮熟后捞出；鸡蛋磕入碗中，搅散成蛋液。

2. 锅中入油烧热，入葱段、姜片爆香后捞除，加入八爪鱼、鱿鱼须、虾仁，调入少许盐、料酒炒匀后盛出。

3. 再热油锅，倒入蛋液滑散至凝固时，入洋葱、青红椒炒香，加入米饭炒散，调入盐、胡椒粉、生抽翻炒均匀，再放入过油的八爪鱼、鱿鱼须、虾仁同炒，最后加入红腰豆炒匀，起锅盛入盘中即可。

健康解密　这款炒饭选材广泛，营养也非常丰富。海鲜及蛋类不仅蛋白质含量极高，还含有丰富的钙、磷、铁等元素，对骨骼发育和造血十分有益，可预防贫血。此外，还含有丰富的硒、碘、锰、铜等微量元素，特别是硒，有利于改善糖尿病病人的各种症状，并可以减少糖尿病病人各种并发症的产生。

受欢迎指数：★★★☆☆

第  章

香气四溢的**盖浇饭**

记忆中最难以忘怀的，

不是小时候常去的小卖店里的泡泡糖，

不是大街转角处的老字号臭豆腐，

而是一盘爽滑鲜香的盖浇饭。

晶莹剔透的米粒上，

浇盖着一层鲜香诱人的美味菜肴，

浓稠味香的汤汁冒出的丝丝香气诱惑着你，

让你的舌头不自觉畅想美食的空间，

盖浇饭的前世今生

盖浇饭的主要特点是饭菜结合，食用方便，既有主食米饭，又有美味菜肴。盖浇饭不像食用饭菜那样要用较多的餐具摆到桌上，而是将饭菜盛于一盘，既可放在桌上食用，也可以用手端上吃。

盖浇饭的历史可追溯至西周，当时称为淳熬，做法是先"煎醢"，加在大米饭上，浇上油脂。另有一种以小米制的叫"淳毋"。隋唐时发展成"御黄王母饭"，有肉丝、鸡蛋做配菜，成为唐代"烧尾宴"上的食品之一。后来就演变成现在的盖浇饭。至于日本的盖浇饭，相传是在幕府室町时代

出现；炸猪排盖饭的起源，则是在1921年，由早稻田高等学院的学生，首先将炸猪排放在白饭上，淋上酱汁一起食用。

由于我国地域辽阔，风俗各异，现在的盖浇饭，各地做法不一，用料不同，所以也各有特色。总的来说，副食以肉为主，有肉片的，有肉丝的，也有肉块的。佐料则因时因地而异，分别配以玉兰片、木耳、香菇和应时蔬鲜。也有不加佐料时鲜的，如西安传统的盖浇饭就是纯肉片，采取红烧的方法烹调，讲究原肉原汁浇饭。

盖浇饭的品种非常多，不妨自己在家做吧！盖浇饭的重点是米饭上的菜肴要鲜香、味浓、有勾芡。清淡味寡的菜不下饭，不适合用来做盖浇饭；适量的勾芡可以有浓稠的汤汁来拌饭，看上去让人更有食欲，而米饭吃起来也更加爽滑，勾芡的汤汁还有保温食材的功效。掌握了做盖浇饭好吃的技巧，冰箱里现有的材料都能很好地被运用进去，经常换着花样，尝试各种菜色，懒人也会有口福的。

香味浓郁的
咖喱盖浇饭

原材料 ↘
米饭 120 克，牛肉 80 克，土豆、胡萝卜、青红椒各适量

调味料 ↘
盐、胡椒粉、咖喱粉、料酒各适量

制作步骤 ↘

1. 牛肉洗净，切小块，加盐、料酒腌渍；胡萝卜、土豆均去皮、洗净，切丁，焯水后捞出；青红椒均洗净，切小片。

2. 锅置火上，入黄油烧热，倒入牛肉炒至变色，加入土豆、胡萝卜翻炒均匀，注入适量清水烧开。

3. 调入盐、胡椒粉、咖喱粉拌匀，以小火煮至汤汁浓稠时，放入青红椒翻炒均匀，起锅盛入米饭上即可。

健康解密　　咖喱中有辣味香辛料，能促进唾液和胃液的分泌，增强胃肠蠕动，增进食欲，还能促进血液循环达到发汗的目的。

受欢迎指数：★★★☆☆

49

受欢迎指数：★★★★★

酸酸甜甜的 番茄肉片饭

原材料 ↘

米饭 150 克，猪肉 50 克，番茄、菜心各适量

调味料 ↘

盐、生抽、番茄酱各适量

制作步骤 ↘

1. 猪肉洗净，切片，加盐、料酒腌渍；番茄洗净、去皮，切块；菜心洗净。
2. 锅中入油烧热，入肉片炒至变色时，加入番茄翻炒均匀。
3. 调入盐、生抽、番茄酱炒匀，起锅盛于米饭上。
4. 将菜心放入加有盐和油的沸水锅中焯熟后捞出，置于米饭旁即可。

健康解密

番茄中所含的苹果酸、柠檬酸等有机酸，能促使胃液分泌对脂肪及蛋白质的消化，增加胃酸浓度，调整胃肠功能，有助胃肠疾病的康复，其所含的果酸及纤维素，有助消化、润肠通便的作用，可防治便秘。

原材料 ↘

米饭 150 克，鱿鱼 100 克，洋葱、青红椒、熟白芝麻、淀粉各适量

调味料 ↘

盐 3 克，姜、葱、白糖、料酒、白醋、甜辣酱各适量

制作步骤 ↘

1. 鱿鱼处理干净，打上花刀，切块，加盐、料酒、水淀粉腌渍；洋葱、青红椒均洗净，切片。
2. 将鱿鱼放入加有姜片、葱段的沸水锅中氽水后捞出，沥干水分。
3. 锅中入油烧热，入洋葱爆炒，放入鱿鱼翻炒，调入盐、白糖、白醋、甜辣酱炒匀，加入青红椒同炒片刻，起锅盛入米饭旁，撒上熟白芝麻即可。

特别解说

　　甜辣酱一般分为偏甜型和偏辣型两种，可用于煮海鲜，做热狗或汉堡淋酱，或是粽子、筒仔米糕蘸酱。如果家中没有甜辣酱，也不必专程去购买，用番茄酱与辣椒酱搅拌调匀即可。

受欢迎指数：★★★★☆

最具魔力的 **甜辣鱿鱼饭**

受欢迎指数：★★★☆☆

香滑适口的 蘑菇盖浇饭

原材料 ↘

米饭 150 克，牛肉 50 克，蘑菇、洋葱、青红椒各适量

调味料 ↘

盐、胡椒粉、老抽、白醋、料酒、香油各适量

制作步骤 ↘

1. 牛肉洗净，切末，加盐、料酒腌渍；蘑菇去蒂，洗净，切片；洋葱、青红椒均洗净，切条。
2. 锅中入油烧热，入牛肉末炒至变色时，加入蘑菇、洋葱、青红椒同炒片刻。
3. 调入盐、胡椒粉、老抽、白醋、香油炒匀，起锅盛于米饭上即可。

健康解密

蘑菇中含有人体难以消化的粗纤维、半粗纤维和木质素，可保持肠内水分平衡，还可吸收余下的胆固醇、糖分，将其排出体外，对预防便秘、肠癌、动脉硬化、糖尿病等都十分有利。

原材料 ↘

米饭 100 克，虾、猪肉、胡萝卜、香菇、
淀粉各适量

调味料 ↘

盐、胡椒粉、生抽、料酒各适量

※ 制作点睛 ※

上浆是让虾更嫩的有效方法，
上浆后的虾表面能形成一层保护
膜，使其不与热油直接接触，间
接受热，能最大限度地保持虾的
水分，使烹调后的虾饱满鲜嫩。

清鲜嫩滑的 海鲜烩饭

制作步骤 ↘

1. 虾处理干净，加盐、料酒、水淀粉腌渍上浆；猪肉洗净，切小块；胡萝卜去
   皮，洗净，切片；香菇去蒂，洗净，切块。
2. 将胡萝卜、香菇分别焯水后捞出。
3. 油锅烧热，放入虾、肉块翻炒片刻，加入胡萝卜、香菇，注入少许清水烩煮
   一会。
4. 调入盐、胡椒粉、生抽炒匀，以水淀粉勾芡，起锅盛入盘中。
5. 将米饭放入心形模具中，做成心形饭团，置于菜旁边即可。

受欢迎指数：★★★★☆

受欢迎指数：★★★★☆

猪五花肉要选择肥瘦相间的，太瘦的肉炒出来不好吃；制作时加入糖是为了提鲜，让肉更美味。

油而不腻的

五花肉盖饭

原材料 ↘

米饭 120 克，猪五花肉 150 克，洋葱、胡萝卜、青椒各适量

调味料 ↘

盐、白糖、老抽、辣椒酱、料酒、香油各适量

制作步骤 ↘

1. 猪五花肉洗净，切片，加料酒腌渍；洋葱洗净，切片；胡萝卜去皮，洗净，切片；青椒洗净，切圈。
2. 锅内入油烧热，放入肉片煸炒至出油时，调入盐、白糖、辣椒酱、老抽翻炒均匀，加入洋葱、胡萝卜、青椒同炒。
3. 淋入香油，起锅盛于米饭上即可。

健康解密

洋葱所含的微量元素是一种很强的抗氧化剂，能清除体内的自由基，增强细胞的活力和代谢能力，具有防癌抗衰老的功效。五花肉有润肠胃、生津液、补肾气的功效。

咸辣适口的 **回锅肉盖饭**

原材料 ↘

大米 120 克，猪五花肉 200 克，洋葱 50 克，青红椒适量

调味料 ↘

盐、胡椒粉、生抽、白醋、辣椒油、辣椒酱、料酒各适量

制作步骤 ↘

1. 大米淘洗干净，放入锅中煮熟；猪五花肉洗净，放入加有料酒的沸水锅中汆水后捞出，切片；青红椒、洋葱均洗净，切片。
2. 将煮熟的米饭盛入盘中。
3. 锅内入油烧热，入辣椒酱、洋葱炒香，放入五花肉片煸炒至出油，加入青红椒同炒片刻，调入盐、胡椒粉、生抽、白醋、辣椒油炒匀，起锅盛于米饭上即可。

健康解密

这款盖饭中含有丰富的优质蛋白质和必需的脂肪酸，并提供血红素（有机铁）和促进铁吸收的半胱氨酸，能改善缺铁性贫血。另外，其中芬芳辛辣的辣椒素，能增进食欲、帮助消化，其含有的抗氧化维生素和微量元素，能增加人的体力，缓解因工作生活压力造成的疲劳。

特别解说

受欢迎指数：★★★★★

回锅肉的特点是口味独特，色泽红亮，肥而不腻。所谓回锅，就是再次烹调的意思。回锅肉作为一道传统川菜，在川菜中的地位是非常重要的，川菜考级经常用回锅肉作为首选菜肴。回锅肉一直被认为是川菜之首，川菜之化身，提到川菜必然想到回锅肉。

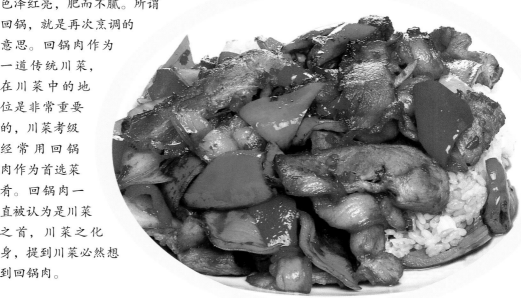

受欢迎指数：★★★☆☆

※ 制作点睛 ※

茄子皮中含有维生素 B，所以，茄子不要去皮，以保留其营养。另外，制作时，也可将茄子入锅蒸透后再炒。

巧搭素食的

什锦菌菇饭

原材料 ↘

米饭 120 克，茄子、秀珍菇、滑子菇、香菇、青红椒、淀粉各适量

调味料 ↘

盐 3 克，生抽、香油各适量

制作步骤 ↘

1. 茄子、青红椒均洗净，切片；秀珍菇、滑子菇均去蒂、洗净；香菇洗净，切块。
2. 将茄子、秀珍菇、滑子菇、香菇分别焯水后捞出。
3. 锅中入油烧热，入茄子稍炒，加入秀珍菇、滑子菇、香菇、青红椒翻炒均匀，调入盐、生抽炒匀，淋入香油，以水淀粉勾芡后，起锅盛于米饭上即可。

健康解密

茄子含有维生素 E，有消肿止痛和抗衰老的功效，常吃茄子，可使血液中胆固醇水平不致增高，对延缓人体衰老具有积极的意义。菇类均味道清甜，质地细嫩，蛋白质含量高，营养丰富。

香酥味美的
香鸡排套餐饭

原材料 ↘

米饭 150 克，鸡胸肉 180 克，卤蛋 1 个，生菜叶 1 片，西蓝花、洋葱丝、淀粉、面包糠、卤肉汁各适量

调味料 ↘

盐、胡椒粉、老抽、料酒、蜂蜜各适量

制作步骤 ↘

1. 鸡胸肉洗净，用刀背敲松，加盐、胡椒粉、老抽、料酒、蜂蜜、洋葱丝腌渍 2 小时，再去掉洋葱。

2. 平底盘中放入淀粉、面包糠混合均匀，再放入鸡胸肉裹满，并用手稍稍压紧，以防脱落。

3. 米饭盛于盘中，浇上卤肉汁。

4. 锅中入油烧热，放入备好的鸡胸肉，以中火慢炸至金黄色时捞出，置于米饭旁的生菜叶上。

5. 再放上卤蛋与焯熟的西蓝花即可。

特别解说

　　鸡胸肉是在胸部里侧的肉，形状像斗笠，其肉质细嫩，味道鲜美，营养丰富，能滋补养生，却只含有与虾、螃蟹等相当的脂肪。

※ 制作点睛 ※

　　洋葱能去除腥味还有一股独特的香味，用于腌渍鸡肉非常好，加入洋葱腌渍后只需要稍稍调味、上色就很好吃，而且烹饪的时候香气还非常浓郁。

受欢迎指数：★★★★★

腌渍鸡肉的时候，一定要放足盐，因为过油后的鸡肉是难以进去盐分的。另外，腌渍时放点生抽和白糖，会更有味道。

原材料 ↘

米饭 150 克，鸡肉 100 克，洋葱、青红椒、菜心、豆豉、淀粉各适量

调味料 ↘

盐、胡椒粉、老抽、料酒各适量

受欢迎指数：★★★★☆

辣得过瘾的

辣子鸡盖浇饭

制作步骤 ↘

1. 鸡肉洗净，切小块，加盐、料酒腌渍；洋葱、青红椒均洗净，切片；菜心洗净。
2. 将菜心放入加有盐和油的沸水锅中焯水后捞出，置于米饭旁。
3. 净锅置火上，入油烧热，入豆豉炒香，倒入鸡肉滑散，加入洋葱、青红椒翻炒均匀。
4. 调入盐、胡椒粉、老抽炒匀，以水淀粉勾芡，起锅盛于米饭上即可。

健康解密

鸡肉中蛋白质的含量比例较高，种类多，容易被人体吸收利用，有增强体力、强壮身体的作用，将其与洋葱、辣椒一同烹制，还有温中益气、补虚填精、健脾胃、活血脉、强筋骨的功效。

颇具人气的

瑶柱盖浇饭

原材料 ↘

米饭 150 克，鸡胸肉 100 克，香菇、嫩豌豆、干贝、淀粉各适量

调味料 ↘

盐 3 克，胡椒粉、白醋、老抽、香油、料酒各适量

制作步骤 ↘

1. 鸡胸肉洗净，切丁，加盐、料酒腌渍；香菇泡发、洗净，切小粒；嫩豌豆洗净，焯水后捞出；干贝洗净，用温水浸泡后，放入蒸锅中以小火蒸约 30 分钟。

2. 锅中入油烧热，入鸡胸肉稍炒后，加入香菇、嫩豌豆、干贝翻炒均匀。

3. 调入盐、胡椒粉、白醋、老抽炒匀，以水淀粉勾芡，淋入香油，起锅盛于米饭上即可。

※ 制作点睛 ※

干贝在超市的干货区有售，不同品质的，价格差异很大。一定要选择颗粒饱满，色泽浅黄，手感干燥而且有香气的才好，可令成品口味更美。

受欢迎指数：★★★☆☆

受欢迎指数：★★★★☆

汁亮味美的

番茄牛肉盖饭

原材料 ↘

米饭 150 克，牛肉 100 克，番茄 50 克，大蒜、姜、葱各适量

调味料 ↘

盐 3 克，白糖、番茄酱、料酒、淀粉各适量

制作步骤 ↘

1. 牛肉洗净，切片，加盐、料酒腌渍；番茄洗净，切小块；大蒜、姜均去皮，洗净，切片；葱洗净，切小段。

2. 锅中入油烧热，入牛肉滑炒至变色时盛出。

3. 锅中留油烧热，入姜片、蒜片炒出香味，加入番茄翻炒均匀，调入盐、白糖、番茄酱，注入少许清水烧开，加入牛肉翻炒片刻，入葱段稍炒，再以水淀粉勾芡，起锅盛入米饭上即可。

健康解密

牛肉能提高人体抗病能力，还有暖胃作用，番茄则是含番茄红素最多的食物，有防癌功效。将二者一同烹制，不仅可发挥自身优势，更重要的是能增强补血功效，因为牛肉含铁较丰富，遇到番茄后，可以使牛肉中的铁更好地被人体吸收，有效预防缺铁性贫血。

原材料 ↘

猪脚 300 克，大米 80 克，菜心、八角、桂皮、香叶、茴香、草果各适量

调味料 ↘

盐、白糖、料酒各适量

制作步骤 ↘

1. 猪脚处理干净，剁成块，放入沸水锅中氽水后捞出；将八角、桂皮、香叶、茴香、草果用纱布包好，制成香料包；大米淘洗干净，入锅煮熟后，盛入碗中；菜心洗净，焯水后置于米饭上。

2. 锅置火上，注入清水烧开，调入盐、料酒，放入香料包和猪脚，盖上锅盖，以中火炖至猪脚熟烂后捞出。

3. 油锅烧热，放入白糖烧至融化，再入猪脚翻炒至上色后，起锅盛于米饭上即可。

酥软入味的 **猪脚盖饭**

健康解密　猪脚中的胶原蛋白是人体皮肤的主要成分之一，可有效改善人体生理功能和皮肤组织细胞的储水功能，防止皮肤过早褶皱，延缓皮肤衰老等。

※ 制作点睛 ※

炖猪脚时，隔一段时间要翻一翻，以防粘锅。

受欢迎指数：★★★★★

受欢迎指数：★★☆☆☆

深红诱惑的 香油金枪鱼盖饭

原材料 ↘

米饭150克，金枪鱼肉180克，生菜、淀粉各适量

调味料 ↘

盐、生抽、香油各适量

制作步骤 ↘

1. 金枪鱼肉洗净，用刀背敲松，切块，加盐、生抽、水淀粉腌渍上浆；生菜洗净，切丝。
2. 锅中入油烧热，放入鱼肉炸片刻后，淋入香油，起锅盛于米饭上，撒上生菜丝即可。

※ 制作点睛 ※

与植物油相比，黄油的脂肪含量较高且香味浓郁，用来制作这款佳肴味道会更香一些，有增进食欲的作用。但用黄油来制作时火不宜太大，因为黄油遇到高温容易变黑，会使成菜发苦难吃。

健康解密

金枪鱼中含有丰富的DHA、EPA、牛黄酸，能减少血液中的脂肪，利于肝细胞再生。经常食用金枪鱼食品，能够保护肝脏，提高肝脏的排泄功能，降低肝脏发病率。此外，金枪鱼肉低脂肪、低热量，还有优质的蛋白质和其他营养素，食用金枪鱼食品，不但可以保持苗条的身材，而且可以平衡身体所需要的营养，是现代女性轻松减肥的理想选择。

第 四 章

香浓好味的煲仔饭

弄一个砂煲，

洗好米加适量的水，

上面铺一层腊肠腊肉，

猛火煲十多分钟，

一锅香味扑鼻的煲仔饭就做好了。

淋上香甜的老抽，

或就以甘香豆豉，或搭配红绿辣椒，

一勺入口，

简直是天下美味。

锅底的饭焦，

更是不可多得的人间美食。

砂锅，煲仔饭的必备武器

煲仔饭是用一种以砂质陶器制成的锅煲制而成，其特点是传热性能慢，故保温性能强，以较好地保存食物营养。做煲仔饭，砂锅的选择也很重要。

新买来的砂锅，需要用硬一些的刷子刷干净。第一次使用前，在洗净晾干的砂锅内壁中涂一层油，让细孔完全吸收，再用很小很小的火加热，让油完全吸收进去，熄火后自然冷却即可。也可以将新买来的砂锅熬粥，或者用它煮一煮浓淘米水，以堵塞砂锅的微细孔隙，防止渗水。

用砂锅熬汤、炖肉时，要先往砂锅里放水，再把砂锅置于火上，先用文火，再用旺火；砂锅正烧东西时如果锅中汤少了，需要加水，切忌加冷水，应添加温水或热水；同时，锅内的汤水也不能溢出，以防锅外边沾水而炸裂。

砂锅质脆易破，使用时应轻拿轻放。刚刚用完的热砂锅，最好放在铁架或干燥的木板或草垫上，不要放在湿地、瓷砖或水泥地上，不然温度骤变，砂锅极易炸裂。

另外因砂锅的材质特殊，要等到砂锅冷却后再清洗。而且不能用洗洁精浸泡，避免污水渗入砂锅的毛细孔中，怎么洗也洗不掉。洗好的砂锅要等到水分完全干后才可以收起来，不然它可能会长黑斑霉菌的。

从火候开始煲饭

火候是煲仔饭烹调的关键，在原料、调味料相同的情况下，火候对于煲仔饭品质起决定性作用。影响火候的因素很多，变化也很大。要想煮好煲仔饭，首先要认识火，火力大体上分为旺火、中火、小火和微火等四种火力。

旺火——最强的火力

旺火的特点是火焰高而稳定，窜出炉口散发出灼热逼人的热气，火光明亮，耀眼夺目，火色黄白。旺火用于"抢火候"的快速烹制，它可以缩短菜肴停留时间，减少营养损失并保持原料的鲜美嫩脆，适于熘、炒、烹、炸、爆、蒸等烹调方法。

中火——文武火

中火的火苗在炉口处摇晃，时而窜出炉口，时而低于炉口；火光较亮，火色黄红，尚有较大的热力，适于煮、炸、熘等烹调方法。

小火——文火、慢火、温火

小火的火焰较小，火苗在炉口与燃料层间时起时伏，火光较旺，火暗淡，火色发红，火力偏弱，适于软嫩味美的烹调方法，如煎、贴、烧等烹调方法。

微火——热力较小

微火是火焰仅在燃料层表面闪烁，火光暗淡，火色暗红，热力较小，一般用于酥烂入味的炖、焖等烹调方法。

正因为这样，火候是否恰到好处，是衡量一个煲仔饭好坏的重要标准。好的煲仔饭，关键是火候控制得好，如果火太猛，煲里的水容易溢出，带走了浮在水面的油，煮出的饭就没有香滑的口感。

做煲仔饭的 **5** 大步骤

————口砂锅、一把大米、一份随心的配料，砂锅均匀地传递热量，大米展现完美软糯口感，煲出浑厚浓香，带来美好享受。想要做出香郁浓厚的煲仔饭，火候是必须要掌握的，好的一口砂锅是必需的硬件，更重要的是掌握煲饭的5个软件步骤。

1 冷水泡米

米淘洗干净后，浸在冷水中1个小时左右，这样可以使米吸饱水分，煲出来的饭才会比较软糯。

2 加米煮开

将米和水放入砂锅后，以大火将水煮开——这是做好煲饭的第一步，一定要盖上锅盖煮，这样才能使温度上升得比较快，水煮开的时间越短，米饭的口感会越有弹性，颗粒形状也会越饱满。

3 中火收干

当砂锅锅盖边缘冒出小水泡时，表明锅内的水已经煮开了，此时应立即改中火。这一步非常关键，这样做出来的米饭才不会夹生或者过干，更不会粘在锅底难清洗。

4 淋油

等锅中的水分收干的时候，锅底会发出轻微的滋滋声，这个时候就可以把准备好的材料铺到饭上。同时，沿着砂锅的边缘倒入一些油，一方面可以避免锅底烧焦，一方面也可以使米饭底部结出一层锅巴，希望锅巴厚一点的，则多加一些油。

5 小火慢煲

加完油之后，就应该将火改到最小，然后会听到锅底发出比较大的滋滋声，改小火可以让表层铺的材料熟透，同时也可以让米饭吸收香味。等到锅底的油被锅巴吸收，滋滋声会越来越小，直到听不到声音了，就表示油已经完全被吸收了。此时可以熄火焖，大约15分钟即可完成。

受欢迎指数：★★★★★

原材料 ↘

大米 100 克，广式腊肠、腊肉各 30 克，胡萝卜、青红椒各适量

调味料 ↘

生抽、香油各适量

制作步骤 ↘

1. 腊肠、腊肉均洗净，切片；胡萝卜去皮，洗净，切花片；青红椒均洗净，切片。

2. 大米淘洗干净，盛入砂锅中，注入适量清水浸泡 20 分钟，再盖上盖，煮至八成熟。

3. 打开锅盖，将腊肠、腊肉、胡萝卜、青红椒放入砂锅中，调入生抽，淋入香油，继续煮至材料均熟即可。

※ 制作点睛 ※

腊肠和腊肉中均含有盐分，所以，制作时不需要再加盐，可加适量蚝油。

咸甜适中的 **腊味煲仔饭**

健康解密　　广式腊肠煲仔饭属于精品主食，主要原料是大米、腌腊制品，营养全面。但是，腊肠是腌渍品，不宜多食久食。

软烂醇香的
牛筋煲仔饭

原材料 ↘

大米 100 克，牛筋 150 克，青菜、八角、桂皮、干红椒、姜片、葱各适量

调味料 ↘

盐 3 克，白糖、胡椒粉、辣椒油、料酒、老抽各适量

制作步骤 ↘

1. 牛筋洗净，放入沸水锅中汆水后捞出，切块；青菜洗净；葱洗净，切葱花；八角、桂皮、姜片、干红椒用纱布包好，制成香料包。

2. 大米淘洗干净，盛入煲仔内，注入适量清水，以小火慢煮。

3. 净锅置火上，注入适量清水烧开，放入香料包，调入盐、白糖、料酒、老抽，加入牛筋煮至熟烂入味时捞出。

4. 另起一锅，入油烧热，入牛筋翻炒片刻，注入适量高汤以大火烧开，改用小火烧至汤汁浓稠，调入盐、胡椒粉、辣椒油烧至入味。

5. 待煲仔中的米饭快熟时，将牛筋置于米饭上，续焖至米饭熟透。

6. 将青菜放入加有盐和油的沸水锅中焯熟后捞出，置于牛筋上，再撒上葱花即可。

受欢迎指数：★★★★☆

受欢迎指数：★★★★☆

原材料 ↘

大米 100 克，鸡肉 120 克，黄豆、洋葱、青红椒、葱、姜各适量

调味料 ↘

盐 3 克，味精、白糖、老抽、料酒、辣椒油、香油各适量

制作步骤 ↘

1. 鸡肉洗净，剁成小块，加盐、料酒腌渍；黄豆泡发、洗净，沥干水分；洋葱、青红椒均洗净，切片；葱洗净，切段；姜去皮，洗净，切片。

2. 大米淘洗干净，盛入煲仔内，注入适量清水，开小火慢煮。

3. 锅中入油烧热，入葱段、姜片爆香后捞除，倒入鸡块煸炒片刻，调入盐、味精、白糖、老抽、辣椒油翻炒至入味，加入黄豆、洋葱、青红椒同炒，再注入少许高汤焖煮至汤汁浓稠。

4. 待煲仔中的米饭快熟时，将锅中的材料置于米饭上，淋入香油，续焖至米饭熟透即可。

> **健康解密**　　黄豆中富含异黄酮，可断绝癌细胞营养供应，还含有人体必需的 8 种氨基酸，多种维生素及多种微量元素，可降低血中胆固醇含量，预防高血压、冠心病、动脉硬化等。鸡肉营养也非常丰富，将二者一同烹制，互相调和，效果更佳。

色泽艳丽的 黄豆焖鸡煲仔饭

营养丰富的

红烧鸡腿饭

原材料 ↘

大米100克,鸡腿1个,西蓝花、金针菇、胡萝卜、嫩玉米粒、嫩豌豆、姜片、干红椒、八角、香叶各适量

调味料 ↘

盐3克,白糖、老抽、料酒各适量

制作步骤 ↘

1. 鸡腿洗净,打上划痕,加盐、料酒腌渍;金针菇去蒂,洗净;胡萝卜去皮,洗净,切小丁;嫩玉米粒、嫩豌豆均洗净;西蓝花掰成小朵,洗净;姜片、干红椒、八角、香叶用纱布包好,制成香料包。

2. 锅中入油烧热,放入鸡腿煎至金黄色时,注入适量清水烧开,放入香料包,调入盐、白糖、老抽拌匀,以小火烧至鸡腿熟透入味时,再以大火收汁后盛出,稍凉后切块。

3. 大米淘洗干净,盛入砂锅中,注入适量清水浸泡20分钟,再盖上盖,煮至八成熟。

4. 打开锅盖,将鸡腿摆于米饭上,续煮至米饭熟透。

5. 将金针菇、西蓝花、胡萝卜、嫩玉米粒、嫩豌豆分别放入加有盐和油的沸水锅中煮熟后捞出,置于鸡腿旁即可。

受欢迎指数：★★★★☆

受欢迎指数：★★★★★

原材料 ↘

大米 100 克，带皮猪五花肉 120 克，梅干菜、西蓝花、滑子菇、黄瓜、圣女果、胡萝卜、嫩豌豆、嫩玉米粒各适量

调味料 ↘

盐 4 克，胡椒粉、白糖、老抽、蚝油、料酒各适量

制作步骤 ↘

1. 猪五花肉洗净，放入沸水锅中氽水后捞出；梅干菜用温水泡发，洗净，拧干水分，切碎；盐、胡椒粉、老抽、料酒、蚝油加入少量清水拌匀，做成调味汁；西蓝花掰成小朵，洗净；滑子菇去蒂，洗净；胡萝卜去皮，洗净，切小粒；嫩豌豆、嫩玉米粒均洗净；黄瓜洗净，切片；圣女果洗净。

2. 大米淘洗干净，盛入煲仔内，注入适量清水，以小火慢煮。

3. 油锅烧热，入白糖炒出糖色，放入五花肉，皮朝下，炸至金黄色后捞出，待凉后切片。

4. 待煲仔中的米饭快熟时，将切好的五花肉码于米饭上，并放上梅干菜，均匀地浇上调味汁，续焖至米饭熟透。

5. 将西蓝花、滑子菇、胡萝卜、嫩豌豆、嫩玉米粒分别放入加有盐和油的沸水锅中焯熟后捞出，置于扣肉旁，再放上黄瓜片、圣女果即可。

酱红油亮的 梅菜扣肉饭

71

鲜香味美的
鲜鱿虾干煲仔饭

原材料 ↘
大米 100 克，鱿鱼 80 克，虾干、菜心、红椒、大蒜各适量

调味料 ↘
盐 3 克，料酒、老抽、蚝油、辣椒油各适量

制作步骤 ↘
1. 鱿鱼处理干净，打上花刀，切片，加盐、料酒腌渍；虾干洗净；菜心洗净；红椒洗净，切片；大蒜去皮，洗净，切末。
2. 油锅烧热，入蒜末炒出香味，放入鱿鱼翻炒，调入老抽、蚝油、辣椒油炒匀，入虾干、红椒稍炒，待用。
3. 大米淘洗干净，盛入煲仔中，注入适量清水浸泡 20 分钟，再盖上盖，煮至八成熟。
4. 将炒过的鱿鱼、虾干盛入煲仔内，续煮至米饭熟透。
5. 将菜心放入加有盐和油的沸水锅中焯熟后捞出，置于鱿鱼旁即可。

健康解密

鱿鱼不但富含蛋白质、钙、磷、铁，以及硒、碘、锰等微量元素，还含有丰富的 DHA（俗称脑黄金）、EPA 等高度不饱和脂肪酸，还有较高含量的牛磺酸。食用鱿鱼可有效减少血管壁内所累积的胆固醇，对于预防血管硬化、胆结石的形成都颇具效力。同时，还能补充脑力、预防老年痴呆症等。

受欢迎指数：★★★★☆

受欢迎指数：★★★★☆

原材料 ↘

大米 100 克，排骨、鸡爪各 60 克，菜心 40 克，红椒、姜各少许，豆豉、淀粉各适量

调味料 ↘

盐 3 克，胡椒粉、老抽、白醋、辣椒油、蚝油、料酒各适量

制作步骤 ↘

1. 排骨洗净，剁成小段，加盐、料酒、水淀粉拌匀；鸡爪处理干净，剁成块，加盐拌匀；菜心洗净；红椒洗净，切片；姜去皮，洗净，切片。

2. 大米淘洗干净，盛入煲仔内，加入适量清水，置火上以小火慢煮。

3. 油锅烧热，入豆豉、姜片炒出香味，加入排骨、鸡爪爆炒片刻，调入胡椒粉、老抽、蚝油、白醋、辣椒油炒匀，注入少许高汤烧开，续煮至汤汁浓稠时，加入红椒炒片刻。

4. 待煲仔中的米饭快熟时，将炒过的排骨鸡爪盛于米饭上，续焖至食材熟透。

5. 将菜心放入加有盐和油的沸水锅中焯熟后捞出，置于排骨鸡爪旁即可。

超级美味的 **排骨凤爪煲仔饭**

豉香味美的
鲮鱼煲仔饭

原材料 ↘
大米100克，鲮鱼150克，菜心、红椒各适量

调味料 ↘
盐、白糖、生抽、料酒、豆豉各适量

制作步骤 ↘

1. 鲮鱼处理干净，切小块，加盐、料酒腌渍；菜心洗净；红椒洗净，切片。
2. 将大米淘洗干净，盛入煲仔内，加入适量清水，置火上以小火慢煮。
3. 锅中入油烧热，放入鲮鱼煎至两面金黄色至熟时盛出。
4. 再热油锅，入豆豉、红椒炒香后，加入鲮鱼同炒片刻，调入白糖、生抽炒匀。
5. 待煲仔中的米饭快熟时，将炒过的豆豉鲮鱼置于米饭上，续焖至米饭熟透，再将菜心放入沸水锅中焯水后捞出，置于米饭上即可。

健康解密　鲮鱼富含丰富的蛋白质、维生素A、钙、镁、硒等营养元素，肉质细嫩、味道鲜美。

※ 制作点睛 ※

也可用超市售卖的罐头豆豉鲮鱼来做此饭，味道也不错。

受欢迎指数：★★★☆☆

受欢迎指数：★★★★★

原材料 ↘

大米 80 克，腊肠 50 克，排骨 100 克，菜心、红椒各适量

调味料 ↘

盐、胡椒粉、生抽、蚝油、香油、豆豉各适量

制作步骤 ↘

1. 腊肠洗净，切片；排骨洗净，剁成小段，加料酒腌渍；菜心洗净；
   红椒洗净，切片。

2. 将大米淘洗干净，盛入煲仔内，加入适量清水，置火上以小火
   慢煮。

3. 锅中入油烧热，入豆豉炒出香味，倒入排骨爆炒片刻，加入腊
   肠同炒，调入盐、胡椒粉、生抽、蚝油、香油炒匀，再放入红
   椒稍炒。

4. 待煲仔中的米饭快熟时，将腊肠排骨置于米饭上，续焖至米饭
   熟透。

5. 将菜心放入加有盐的沸水锅中焯熟后置于腊肠排骨旁即可。

咸香四溢的 **腊肠排骨煲仔饭**

百里挑一的
咸鱼腩煲仔饭

原材料 ↘
大米 100 克，咸鱼腩 90 克，菜心、红椒、姜各适量

调味料 ↘
盐、生抽、辣椒油、香油各适量

制作步骤 ↘
1. 咸鱼腩切块；菜心洗净；姜去皮，洗净，切片；红椒洗净，切片。
2. 大米淘洗干净，盛入煲仔中，注入适量清水浸泡 20 分钟，再盖上盖，煮至八成熟。
3. 油锅烧热，入姜片爆香，放入咸鱼腩稍煎后，调入生抽、辣椒油，再加入红椒稍炒。
4. 将炒过的咸鱼腩置于米饭上，淋入香油，续焖至米饭熟透。
5. 将菜心放入加有盐和油的沸水锅中焯熟后捞出，置于咸鱼腩旁即可。

特别解说
　　鱼腩是鲤鱼或鲩鱼等鱼类接近肚子的部位，咸鱼腩则是腌渍鱼类的鱼腩，其色泽淡雅，成菜非常美味。

受欢迎指数：★★★★☆

受欢迎指数：★★★☆☆

原材料 ↘

大米 100 克，鸡肉 150 克，香菇、洋葱、大葱、红椒、姜各适量

调味料 ↘

盐 3 克，胡椒粉、生抽、白醋、辣椒油、料酒各适量

制作步骤 ↘

1. 鸡肉洗净，剁成块，加盐、料酒腌渍；香菇用温水泡发，洗净，切块；
   洋葱、红椒均洗净，切片；大葱洗净，切段；姜去皮，洗净，切片。

2. 大米淘洗干净，盛入煲仔内，注入适量清水，开小火慢煮。

3. 锅中入油烧热，入姜片爆香，倒入鸡块煸炒片刻，调入盐、胡椒粉、生抽、
   白醋、辣椒油翻炒，加入香菇、洋葱、大葱、红椒同炒，再注入少许
   高汤焖煮至汤汁收干。

4. 待煲仔中的米饭快熟时，将备好的材料置于米饭上，续焖至米饭熟透
   即可。

※ 制作点睛 ※

　　要选嫩鸡肉，三黄鸡或现宰杀的土鸡都是上选；这款佳肴不建议用
新鲜的香菇做，因为新鲜香菇在香味方面远不及干香菇；干香菇用温水
泡发洗净后，切块前不要把水分挤得太干，否则炒出的口感会偏干硬。

香飘满屋的 **香菇焖鸡煲仔饭**

清香宜人的

梅菜肉饼煲仔饭

原材料 ↘
大米 80 克，猪五花肉 80 克，梅干菜、菜心、红椒各适量

调味料 ↘
盐 3 克，白糖、胡椒粉、料酒、生抽、香油、淀粉、食用油各适量

制作步骤 ↘

1. 猪五花肉洗净，剁碎，加盐、白糖、胡椒粉、料酒、生抽、香油、水淀粉和少许食用油拌匀；梅干菜用温水泡发，洗净，拧干水分，切碎；菜心洗净；红椒洗净，切片。

2. 将五花肉碎与梅干菜混合，按顺时针方向用力搅拌均匀，再将碎肉团取出在案板上反复摔打至上劲。

3. 将大米淘洗干净，盛入煲仔内，加入适量清水，置火上以小火慢煮。

4. 待煲仔中的米饭快熟时，将肉饼铺平在米饭上，放上红椒，续焖至米饭熟透。

5. 将菜心放入加有盐的沸水锅中焯熟后捞出，置于肉饼旁即可。

※ 制作点睛 ※

可在五花肉与梅干菜中加入半个鸡蛋清，肉饼会更滑而且不会缩水；肉与梅干菜的比例约为 4∶6，这样梅干菜味较重，会更好吃。

受欢迎指数：★★★★☆

※ 制作点睛 ※

　　将腌渍好的排骨放置在冰箱的冷藏室冷藏 4 小时再用，肉质会更嫩。

受欢迎指数：★★★★★

原材料 ↘

大米 100 克，排骨 100 克，西蓝花 50 克，葱、红椒各适量

调味料 ↘

盐 3 克，白糖、豆豉、料酒、老抽、香油各适量

制作步骤 ↘

1. 排骨洗净，剁成小块；西蓝花洗净，掰成小朵，焯水后捞出；豆豉切碎；红椒洗净，切碎；葱洗净，切葱花。

2. 排骨中加入盐、白糖、豆豉、红椒碎、料酒、老抽腌渍。

3. 油锅烧热，入排骨翻炒片刻后，注入少许清水，以小火焖煮 10 分钟。

4. 大米淘洗干净，盛入砂锅中，加入适量清水烧煮，待煮至水分快干时，加入烧好的排骨，盖上锅盖，继续焖煮 20 分钟。

5. 再加入西蓝花，盖上锅盖煮约 5 分钟后，开盖，淋入香油，撒上葱花即可。

健康解密　　这款煲仔饭中除含蛋白质、脂肪、维生素外，还含有大量磷酸钙、骨胶原、骨黏蛋白等，可为人体提供钙质，还具有滋阴壮阳、益精补血的功效。

肉质鲜嫩的 **豆豉排骨煲仔饭**

香嫩鲜美的
黄鳝煲仔饭

原材料 ↘
大米 100 克，鳝鱼 150 克，香菇、去核红枣、青红椒、姜、葱各适量

调味料 ↘
盐 3 克，白醋、生抽、料酒各适量

制作步骤 ↘
1. 鳝鱼处理干净，切小段，加盐、料酒腌渍；香菇用温水泡发，洗净，切丝；去核红枣洗净；青红椒均洗净，切小片；姜去皮，洗净，切片；葱洗净，切小段。
2. 大米淘洗干净，盛入煲仔内，注入适量清水，开小火慢煮。
3. 油锅烧热，入姜片、葱段炒出香味后，倒入鳝鱼炒片刻，加入香菇、红枣、青红椒翻炒均匀，调入白醋、生抽炒匀。
4. 待煲仔中的米饭快熟时，将炒好的鳝鱼置于米饭上，续焖至米饭熟透即可。

健康解密　　鳝鱼中含有丰富的 DHA 和卵磷脂，是构成人体各器官组织细胞膜的主要成分，而且是脑细胞不可缺少的营养。鳝鱼中含丰富的维生素 A，能增进视力，促进皮膜的新陈代谢。

受欢迎指数：★★★☆☆

受欢迎指数：★★★★☆

原材料 ↘

大米 100 克，南瓜 150 克，葱适量

调味料 ↘

盐、白糖各适量

制作步骤 ↘

1. 南瓜去皮，洗净，切小块；葱洗净，切葱花。

2. 大米淘洗干净，盛入煲仔内，加入适量清水，以小火慢煮。

3. 锅中入油烧热，倒入南瓜翻炒均匀，注入少许清水煮片刻，待南瓜表面微熟时，调入盐、白糖拌匀。

4. 将南瓜置于煲仔中，续焖至锅边的米饭起锅巴、南瓜熟透后，撒上葱花即可。

※ 制作点睛 ※

煲出来的饭就是因为有锅巴才好吃，所以要特别注意火候，以中小火为好，要是一直大火的话锅巴就会煳掉了。

健康解密

南瓜中所含的南瓜多糖是一种非特异性免疫增强剂，能提高机体免疫功能，促进细胞因子生成，通过活化补体等途径对免疫系统发挥多方面的调节功能。此外，南瓜中丰富的类胡萝卜素在机体内可转化成具有重要生理功能的维生素 A，从而对上皮组织的生长分化、维持正常视觉、促进骨骼的发育具有重要作用。

简单快捷的 **南瓜煲仔饭**

酱香味浓的 香菇鸡饭

原材料 ↘

大米 100 克，鸡肉 120 克，香菇、滑子菇、西蓝花、胡萝卜、干红椒、姜片各适量

调味料 ↘

盐、胡椒粉、老抽、蚝油、辣椒酱、料酒各适量

制作步骤 ↘

1. 鸡肉洗净，剁成块，加盐、料酒腌渍；香菇用温水泡发，洗净，切块；西蓝花掰成小朵，洗净；滑子菇去蒂、洗净；胡萝卜去皮，洗净，切丝。

2. 大米淘洗干净，盛入煲仔内，注入适量清水，开小火慢煮。

3. 锅中入油烧热，入干红椒、姜片爆香后捞出，倒入鸡块煸炒片刻，调入盐、胡椒粉、老抽、蚝油、辣椒酱翻炒，加入香菇同炒，再注入少许高汤焖煮至汤汁浓稠。

4. 待煲仔中的米饭快熟时，将香菇鸡块置于米饭上，续焖至米饭熟透。

5. 将滑子菇、西蓝花、胡萝卜分别放入加有盐和油的沸水锅中煮熟后捞出，置于鸡块旁即可。

健康解密　香菇可以增强人体的免疫功能并有防癌作用，用香菇和鸡肉一起烹制，香菇中的有效成分溶解在汤汁中，可提高人体吸收率；鸡肉本身也有提高呼吸系统免疫力的功能，可谓双效合一。

受欢迎指数：★★★★☆

※ **制作点睛** ※

用水淀粉腌渍可以让牛肉更嫩，加入少量的油脂能够包裹住牛肉的水分；如果再配上像洋葱、胡萝卜等配菜味道更好。

原材料 ↘

大米 100 克，牛肉 100 克，卤蛋半个，香菇、蒜薹、红椒、菜心、姜、淀粉各适量

调味料 ↘

盐、胡椒粉、白醋、料酒、老抽、辣椒油、香油、食用油各适量

受欢迎指数：★★★★☆

制作步骤 ↘

1. 牛肉洗净，切片，加盐、料酒、水淀粉和少许食用油拌匀腌渍；香菇泡发，洗净，切片；蒜薹、红椒均洗净，切段；菜心洗净；姜去皮，洗净，切片。

2. 大米淘洗干净，将米和水按照 1∶1.2 的比例放入金属盅里，再放入小木桶中，一起入蒸笼蒸熟。

3. 油锅烧热，入姜片爆香，放入牛肉滑散，加入香菇、蒜薹、红椒同炒片刻。

4. 调入盐、胡椒粉、白醋、老抽、辣椒油翻炒均匀，淋入香油，起锅盛于米饭上。

5. 将菜心放入加有盐和食用油的沸水锅中焯熟后捞出，置于牛肉旁，再放上半个卤蛋即可。

健康解密

牛肉富含丰富的蛋白质，氨基酸组成接近人体需要，能提高机体抗病能力，对生长发育及术后、病后调养的人在补充失血、修复组织等方面特别适宜；香菇中含腺嘌呤、胆碱、酪氨酸、氧化酶以及某些核酸物质，能起到降压、降胆固醇、降血脂的作用，又可预防动脉硬化、肝硬化等疾病，另外，香菇多糖能提高辅助性 T 细胞的活力，从而增强人体免疫功能。

醇香扑鼻的 **香菇牛肉木桶饭**

农家风味的
油豆腐肉末饭

油豆腐油炸的豆制品，其色泽金黄，内如丝肉，细致绵空，富有弹性。系经磨浆、压坯、油炸等多道工序制作而成。既可作蒸、炒、炖之主菜，又可为各种肉食的配料，是荤宴素席兼用的佳品。

原材料 ↘

大米100克，凉拌黑木耳1份，肉汤1份，猪肉、油豆腐、青红椒各适量

调味料 ↘

盐、料酒、老抽、郫县豆瓣酱、香油各适量

受欢迎指数：★★★★☆

制作步骤 ↘

1. 猪肉洗净，剁成末，加盐、料酒腌渍；青红椒洗净，切圈；郫县豆瓣酱剁碎。

2. 大米淘洗干净，将米和水按照比例放入金属盅里，再放入小木桶中，一起入蒸笼蒸熟。

3. 锅中入油烧热，入郫县豆瓣酱炒出红油，入肉末炒至变色时，加入油豆腐、青红椒同炒均匀。

4. 调入盐、老抽、香油炒匀，起锅盛于米饭上，搭配凉拌黑木耳、肉汤上桌即可。

第 五 章

软滑香绵的滋味粥

"莫言淡薄少滋味，

淡薄之中味滋长。"

或许，

这就是品尝滋味粥时的真实写照。

米粒已经化开成为了絮状，

粥与水几乎不分，

喝起来清甜顺滑，

再细细咀嚼，

顿时感到满嘴暗香萦绕。

配上咸菜、萝卜干等爽口的小菜，

鲜咸的口感简直是妙不可言。

熬粥有技巧

食物的营养成分本身就为我们的机体健康做好了各项准备，不同的食物，营养成分也各不相同。为了我们的健康，一定要注重每种营养成分的摄入。那么，要熬出营养美味的粥有哪些技巧呢？

浸泡

煮粥前先将米用冷水浸泡半小时，让米粒膨胀开，这样熬起粥来节省时间，同时，熬出的粥口感特别好。

开水下锅

大家的普遍共识都是冷水煮粥，而真正的行家里手却是用开水煮粥，为什么？你肯定有过冷水煮粥煳底的经验吧？开水下锅就不会有此现象，而且它比冷水熬粥更省时间。

火候

先用大火煮开，再转文火即小火熬煮约 30 分钟。别小看火的大小转换，粥的香味由此而出！

搅拌

原来我们煮粥之所以间或搅拌，是为了怕粥煳底，现在没了冷水煮粥煳底的担忧，为什么还要搅呢？这是为了"出稠"，也就是让米粒颗颗饱满、粒粒酥稠。搅拌的技巧是：开水下锅时搅几下，盖上锅盖至文火熬 20 分钟时，开始不停地搅动，一直持续约 10 分钟，到呈酥稠状出锅为止。

点油

煮粥还要放油？是的，粥改文火后约 10 分钟时点入少许色拉油，你会发现不光成品粥色泽鲜亮，而且入口别样鲜滑。

底、料分煮

大多数人煮粥时习惯将所有的东西一股脑全倒进锅里，百年老粥店可不这样做。粥底是粥底、料是料，分开煮的煮、焯的焯，最后再搁一块熬煮片刻，且绝不超过 10 分钟。这样熬出的粥品清爽不浑浊，每样东西的味道都熬出来了又不串味。特别是辅料为肉类及海鲜时，更应粥底和辅料分开。

喝粥好处多

看似平凡却极为讲究的粥，其妙处是无穷的，它不但可以养生、养脾胃、滋补身体、延年益寿，还能驻容颜。传统医学认为，食粥能滋生精液，培养胃气，助消化，营养丰富且易吸收。中医认为，冬日养阴，寒冬腊月身体进入"能源危机"时期，人体的一切生理活动、能量消耗、基础代谢都需要更多的热能来维持，此时滋补正是好时机，喝粥是最佳方式之一。

容易消化

白米熬煮温度超过60℃就会产生糊化作用，熬煮软熟的粥入口即化，下肚后非常容易消化，很适合肠胃不适的人食用。

增强食欲，补充体力

生病时食欲不振，清粥搭配一些色泽鲜艳又开胃的食物，例如梅干、甜姜、小菜等，既能促进食欲，又为虚弱的病人补充体力。

延年益寿

喝粥可以延年益寿，五谷杂粮熬煮成粥，含有更丰富的营养素与膳食纤维，对于年长、牙齿松动的人或病人，多喝粥可防小病，更是保健养生的最佳良方。

防止便秘

现代人饮食精细又缺乏运动，多有便秘症状。稀饭含有大量的水分，平日多喝粥，除能果腹止饥之外，还能为身体补充水分，有效防止便秘。

预防感冒

天冷时，清早起床喝上一碗热粥，可以帮助保暖，增加身体御寒能力。

防止喉咙干涩

对于喉咙不适的人，温热的粥汁能滋润喉咙，有效缓解不适感。

调养肠胃

肠胃功能较弱或溃疡患者，平日应少食多餐、细嚼慢咽，很适合喝粥调养肠胃。

受欢迎指数：★★★★★

香浓美味的 **皮蛋瘦肉粥**

原材料 ↘
大米 150 克，咸瘦肉 50 克，
皮蛋 1 个，葱适量

调味料 ↘
胡椒粉、料酒、香油各适量

制作步骤 ↘

1. 咸瘦肉切片；皮蛋去壳，切小块；大米
   浸泡 30 分钟后，淘洗干净；葱洗净，切
   葱花。

2. 锅中注入适量清水烧开，放入大米以大
   火煮至开锅时，改用小火熬煮 30 分钟，
   再加入皮蛋、咸瘦肉同煮 15 分钟。

3. 待煮至粥变黏稠时，调入胡椒粉、料酒、
   香油拌匀，出锅盛入碗中，撒上葱花即可。

特别解说

　　皮蛋瘦肉粥有的用搅碎了的猪肉，亦有用切成丝的猪肉。采用不
同的瘦肉，会为粥带来不同的口感，但味道则相去不远。在中国大陆，
有人会在进食前加上香油及葱花，但在中国香港则只会加葱花。另外，
亦有从皮蛋瘦肉粥演变而成的皮蛋肉片粥，采用了新鲜的肉片，而不是
腌过的咸瘦肉作配料。

原材料 ↘
大米 150 克，银鱼 50 克，胡萝卜适量

调味料 ↘
盐适量

※ 制作点睛 ※

银鱼个头小，容易烂，应该在粥快熟时放入。

清新可口的 胡萝卜银鱼粥

制作步骤 ↘

1. 将大米淘洗干净后，放适量水泡上。

2. 银鱼洗净，胡萝卜洗净切丝，备用。

3. 大米泡软后放入锅中熬煮，等粥沸腾至六七分熟时下入胡萝卜。

4. 下入银鱼，煮十分钟左右加入少许盐调味。

5. 盖上盖子，焖 4 分钟左右即可食用。

健康解密

银鱼味甘、性平，归脾、胃经；有润肺止咳、善补脾胃、宜肺、利水的功效；可治脾胃虚弱、肺虚咳嗽。尤其适合体质虚弱，营养不足，消化不良者宜食。另外，银鱼属一种高蛋白低脂肪食品，高脂血症患者食之亦宜。

受欢迎指数：★★★★☆

受欢迎指数：★★★★☆

美味咸香的
红枣鱼片粥

原材料 ↘
大米 150 克，鱼片 50 克，去核红枣、枸杞各适量

调味料 ↘
盐、料酒各适量

制作步骤 ↘
1. 鱼片加盐、料酒腌渍；去核红枣洗净；枸杞泡发，洗净。
2. 锅置火上，注入适量清水烧开，倒入大米，以大火煮至水开时，改用小火熬煮约 30 分钟，加入红枣、鱼片，续煮 20 分钟后熄火。
3. 撒上枸杞即可。

※ 制作点睛 ※

　　一般的鱼肉都可以，最好选择鱼刺少的鱼；鱼肉切片尽量切薄些，这样鱼肉易熟且口感好。

简约香甜的 **小米粥**

原材料 ↘
小米 200 克

调味料 ↘
白糖适量

※ 制作点睛 ※

当米粒变软后一定要不停搅拌，才不会粘锅焦底。

制作步骤 ↘

1. 小米用清水浸泡 30 分钟后，淘洗干净。
2. 锅中注入适量清水以大火烧开，放入小米，转小火慢慢熬煮，待煮至小米粒开花时，用勺子不停搅拌至黏稠，调入白糖拌匀即可。

健康解密

小米熬粥营养非常丰富，有"代参汤"之美称。由于小米不需精制，它保存了许多的维生素和无机盐，小米中的维生素 B_1 可达大米的几倍，小米中的无机盐含量也高于大米，具有防止消化不良及口角生疮的功效。

受欢迎指数：★★★★★

受欢迎指数：★★★★☆

鲜美可口的 鲜虾牡蛎粥

原材料 ↘
大米 150 克，牡蛎干 40 克，虾、鱿鱼、蟹柳、芹菜、葱各适量

调味料 ↘
盐、胡椒粉、料酒、香油各适量

制作步骤 ↘

1. 大米淘洗干净；牡蛎干泡软，洗净；虾处理干净；鱿鱼处理干净，打上花刀，切块；蟹柳洗净，切小段；芹菜洗净，切段；葱洗净，切葱花。

2. 将大米盛入砂锅内，注入适量清水烧开，待煮至米粒开花时，加入牡蛎肉、虾、鱿鱼、蟹柳同煮，调入盐、胡椒粉、料酒拌匀，放入芹菜，续煮约 10 分钟后，淋入香油，起锅盛入碗中，撒上葱花即可。

健康解密　　牡蛎中含有 18 种氨基酸、肝糖元、B 族维生素、牛磺酸和钙、磷、铁、锌等营养成分，常吃可以提高机体免疫力，其中所含的牛磺酸、DHA、EPA 是智力发育所需的重要营养素。

原材料 ↘

大米 150 克，冬菇、口蘑、金针菇、黑木耳、胡萝卜、芹菜各适量

调味料 ↘

盐、胡椒粉、香油各适量

制作步骤 ↘

1. 大米用清水浸泡 1 小时，再淘洗干净；冬菇、口蘑均去蒂、洗净，打上十字花刀；金针菇去蒂，洗净；黑木耳用温水泡发，洗净，切丝；胡萝卜去皮，洗净，切片；芹菜洗净，切段。

2. 锅置火上，注入适量清水烧开，将大米放入锅内，以大火熬煮至米粒开花时，加入冬菇、口蘑、金针菇、黑木耳、胡萝卜，改用小火续熬 15 分钟。

3. 调入盐、胡椒粉拌匀，加入芹菜稍煮，淋入香油拌匀即可。

健康解密　　木耳中铁的含量极为丰富，常吃木耳能养血驻颜，令人肌肤红润，容光焕发，并可防治缺铁性贫血；木耳中还含有维生素 K，能维持体内凝血因子的正常水平，防止出血；木耳中的胶质可把残留在人体消化系统内的灰尘、杂质吸附集中起来排出体外，从而起到清胃涤肠的作用。

口感软糯的 **冬菇木耳粥**

受欢迎指数：★★★★★

受欢迎指数：★★★★☆

独具特色的
上海菜泡饭

原材料 ↘
米饭 200 克，香菇、菜梗、胡萝卜、百合各适量

调味料 ↘
盐 2 克，胡椒粉、香油各适量

制作步骤 ↘
1. 香菇去蒂，洗净，切小粒；胡萝卜去皮，洗净，切小粒；菜梗洗净，切小粒；百合瓣成片，洗净。
2. 油锅烧热，入香菇、菜梗、胡萝卜同炒片刻，注入适量清水烧开。
3. 倒入米饭和百合同煮片刻，调入盐、胡椒粉拌匀，淋入香油，起锅盛入碗中即可。

特别解说

　　上海人对泡饭情有独钟，在懒得做菜的日子里，想一道菜中就能有主食、青菜，也有荤菜，那就非这道上海菜泡饭莫属了。上海菜泡饭也是在上海菜中，能被北方人所接受的少数几样菜之一，上海人当然就更加喜欢，就算在外面饭店吃饭，到最后总会点它，因为吃多了油腻的食物，泡饭就最养胃了。

原材料 ↘

大米 150 克，蟹柳、虾、香菇、油条各适量

调味料 ↘

盐、料酒、香油各适量

制作步骤 ↘

1. 大米用清水浸泡 1 小时，再淘洗干净；蟹柳洗净，切条；虾处理干净，加盐、料酒腌渍；香菇用温水泡发，洗净，切片；油条切片。

2. 锅置火上，注入适量清水烧开，倒入大米，盖上盖子煮约 30 分钟。

3. 加入虾、蟹柳、香菇同煮约 10 分钟，调入盐拌匀，淋入香油，放上油条即可。

※ 制作点睛 ※

制作此粥时，不要加鸡精，以免抢掉海鲜的鲜味。

暖胃贴心的
生滚海鲜粥

受欢迎指数：★★★★☆

特别解说

　　蟹柳是一种用鱼肉糜做的加工食品，虽然名称叫"蟹柳"，其实成分是鱼肉，源自日本，正式名称叫鱼肉糕，鱼肉糕的红白两种颜色是日本人用于喜庆之事非常吉利的组合。"柳"本来是中华饮食的名词，用来指成形的肉块或肉片，可以看到清晰的纹路，剔除骨头以后光剩下肉的一种做成了长条状的半成品食品。蟹柳因为做的形状是长条的，而且红白相间的成色状似蟹肉，所以通俗上习惯性被称为"蟹柳"。

受欢迎指数：★★★★☆

口感细腻的
鸡肝胡萝卜粥

原材料 ↘
大米150克，鸡肝、胡萝卜各40克，葱适量

调味料 ↘
盐、料酒、香油各适量

制作步骤 ↘

1. 大米淘洗干净；胡萝卜去皮，洗净，切碎；鸡肝洗净，切小片，加盐、料酒腌渍；葱洗净，切葱花。
2. 油锅烧热，入鸡肝、胡萝卜翻炒均匀，待用。
3. 锅置火上，注入适量清水烧开，倒入大米，以大火煮至开锅时，改用小火熬煮约40分钟，加入炒过的鸡肝、胡萝卜续煮约10分钟，淋入香油，起锅盛入碗中，撒上葱花即可。

※ 制作点睛 ※

下米后，应旺火，使锅内的水始终保持滚开而不外溢的状态，这样就使米粒中的淀粉充分溶于水中，粥就变得黏稠了，这样不仅好喝，还有利于人体的消化吸收。

健康解密

鸡肝中含有丰富的蛋白质、钙、磷、铁、锌、维生素A、B族维生素，是补血常用食物，还具有维持正常生长和生殖机能的作用，能保护眼睛，维持正常视力，防止眼睛干涩、疲劳，维持健康的肤色，对皮肤的健美具有重要意义。

味道香甜的
双米银耳粥

原材料 ↘
大米、小米各80克，银耳、枸杞各适量

调味料 ↘
冰糖适量

制作步骤 ↘
1. 大米、小米均淘洗干净；银耳用温水泡发，择洗干净，撕成小朵；枸杞泡发，洗净。
2. 锅中注入适量清水烧开，放入大米、小米煮约30分钟后，加入银耳同煮约10分钟。
3. 放入冰糖煮至其融化时，起锅将粥盛入碗中，撒上枸杞即可。

※ 制作点睛 ※

　　银耳中的杂质一般很难挑出，可以事先放入温水中浸泡半小时，剔去黄色的硬根，洗净后再凉水浸泡，待其回软且变得脆硬而有韧性时即可。

受欢迎指数：★★★★★

受欢迎指数：★★★★☆

细腻温润的 香菇鸡粒粥

原材料 ↘
大米 180 克，鸡胸肉 100 克，香菇、青菜、枸杞、淀粉各适量

调味料 ↘
盐、胡椒粉、料酒、香油各适量

制作步骤 ↘

1. 大米用清水浸泡 1 小时，再淘洗干净；鸡胸肉洗净，切丁，加盐、料酒、水淀粉腌渍；香菇泡发，洗净，切丁；青菜洗净，切丝；枸杞泡发，洗净。

2. 锅置火上，将大米放入锅内，加入适量清水以大火熬煮至米粒开花时，加入香菇、鸡胸肉，改用小火续熬 10 分钟。

3. 调入盐、胡椒粉拌匀，加入青菜、枸杞稍煮，淋入香油拌匀即可。

健康解密

这款粥营养丰富，加入的鸡胸肉对营养不良、畏寒怕冷、乏力疲劳、月经不调、贫血、虚弱等症状有很好的食疗作用；香菇能强身健体，营养学家对香菇进行了分析，发现香菇内有种一般蔬菜缺乏的物质，它经太阳紫外线照射后，会转化为维生素 D，被人体吸收后，能增强人体抵抗疾病的能力。

原材料 ↘

大米 150 克，蟹味菇、秀珍菇、香菇、青菜、土豆各适量

调味料 ↘

盐、味精、香油各适量

制作步骤 ↘

1. 将大米洗净，用清水浸泡 30 分钟；蟹味菇去蒂，洗净；香菇去蒂，洗净，切块；秀珍菇洗净；青菜洗净，切成丝；土豆洗净，切成丝。
2. 取锅，将大米放入锅内，加适量清水熬煮，待粥煮开后，放入蟹味菇、秀珍菇、香菇，续煮约 20 分钟。
3. 待粥煮成稠状时，放入青菜、土豆丝煮至熟，调入盐、味精、香油拌匀即可。

清新淡雅的

蔬菜什菌粥

受欢迎指数：★★★★☆

健康解密　　　这款粥中含有丰富的维生素、氨基酸等营养成分，其中赖氨酸、精氨酸的含量特别高，有助于抗癌、降低胆固醇。此外，其中所含的真菌多糖、嘌呤、腺苷能增强免疫力，促进抗体形成抗氧化成分，能延缓衰老、美容养颜。

受欢迎指数：★★★★☆

※ 制作点睛 ※

水果可随意选择，木瓜、草莓也挺不错的。

原材料 ↘
麦片100克，牛奶、圣女果、香蕉各适量

调味料 ↘
白糖适量

浓郁果香的

五彩麦片粥

制作步骤 ↘

1. 圣女果洗净，切片；香蕉去皮，切片。

2. 锅置火上，加入麦片，倒入适量牛奶，拌匀，煮约15分钟，加入白糖搅匀，起锅盛入碗中，放上切好的圣女果和香蕉即可。

健康解密　　这款粥含有丰富的维生素B、维生素E及矿物质，具有养心安神、润肺通肠、补虚养血及促进代谢的功用。

原材料 ↘

糙米、大米各 100 克，黑芝麻适量

调味料 ↘

白糖适量

制作步骤 ↘

1. 糙米、大米均用清水浸泡 2 小时后，洗净。
2. 锅置火上，注入适量清水，倒入糙米、大米，以大火煮至开锅时，改用小火熬煮约 40 分钟，加入黑芝麻，续煮 20 分钟后熄火。
3. 调入白糖拌匀即可。

※ 制作点睛 ※

　　单用糙米熬粥不够黏稠，所以要加适量大米一同熬煮；吃粗粮也要挑选新鲜的为好，一方面新鲜粗粮营养物质含量较丰富，另一方面新鲜粗粮不易被黄曲霉素所污染，久置的粗粮易霉变，不但不能防癌，其中的黄曲霉素还有可能诱发癌症。

健康营养的
糙米黑芝麻粥

受欢迎指数：★★★★☆

受欢迎指数：★★★★☆

软烂鲜美的
砂锅海鲜粥

原材料 ↘

大米200克，虾、蟹、葱各适量

调味料 ↘

盐、料酒各适量

制作步骤 ↘

1. 大米淘洗干净；虾处理干净，加盐、料酒腌渍；蟹处理干净，砍成小块，加盐、料酒腌渍；葱洗净，切葱花。

2. 锅中注入适量清水以大火烧开，放入大米，改用小火熬煮40分钟，再加入虾和蟹煮约20分钟。

3. 调入盐拌匀，出锅盛入碗中，撒上葱花即可。

※ 制作点晴 ※

螃蟹的鳃、沙包、内脏含有大量细菌和毒素，吃时一定要去掉。

健康解密

螃蟹含有丰富的蛋白质和微量元素，对身体有很好的滋补作用。但是，患有伤风、发热胃痛、腹泻的病人，以及患有消化道炎症或溃疡胆囊炎、胆结石症和肝炎活动期的病人都不宜食蟹。

原材料 ↘

大米 200 克，樱桃 1 颗，菠萝 50 克，木瓜 20 克

调味料 ↘

盐、奶油适量

制作步骤 ↘

1. 大米淘洗干净，放入水中浸泡。

2. 樱桃洗净，菠萝、木瓜分别洗净切成小块。

3. 大米泡软后加水放入锅中开大火熬煮，煮沸后转小火保持沸腾，慢慢煮成粥状。

4. 将水果、盐及奶油放入锅中，改中火煮 5 分钟，熄火即可。

※ 制作点睛 ※

水果粥品可依个人喜好，放入不同的水果材料，在夏季中是非常开胃的一道西式粥品。

营养美味的 **水果养颜粥**

受欢迎指数：★★★★☆

健康解密 大米可提供丰富的 B 族维生素；大米具有补中益气、健脾养胃、益精强志、和五脏、通血脉、聪耳明目、止烦、止渴、止泻的功效。水果还可以提供各种维生素，有安神除烦、美容养颜等功效。

受欢迎指数：★★★★★

金黄诱人的
南瓜拌饭

原材料 ↘
大米 150 克，南瓜 100 克

调味料 ↘
盐、香油各适量

制作步骤 ↘
1. 南瓜去皮，洗净，切碎；大米用清水浸泡 1 小时后洗净。
2. 锅中注入适量清水烧开，倒入大米、南瓜煮至糜烂状时，加入盐、香油搅拌均匀即可。

※ 制作点睛 ※

南瓜难以熟透，因此，要与大米一同下锅。

健康解密　南瓜高钙、高钾、低钠，特别适合中老年人和高血压患者食用，有利于预防骨质疏松和高血压。此外，南瓜还含有磷、镁、铁、铜、锰、铬、硼等元素，营养丰富。

原材料 ↘
大米 120 克，鸡肝 50 克，葱、黑芝麻各适量

调味料 ↘
盐、胡椒粉、料酒、香油各适量

制作步骤 ↘

1. 大米用清水浸泡 1 小时，洗净；鸡肝洗净，切碎，加盐、料酒腌渍；葱洗净，切葱花。
2. 锅置火上，注入适量清水烧开，将大米放入锅内，以大火熬煮至米粒开花时，改用小火续熬 20 分钟。
3. 加入鸡肝、黑芝麻同煮片刻，调入盐、胡椒粉拌匀，淋入香油，起锅盛入碗中，撒上葱花即可。

令人垂涎的 鸡肝芝麻粥

健康解密

　　黑芝麻含有多种人体必需氨基酸，在维生素 E 和维生素 B_1 的作用下，能加速人体的代谢功能；黑芝麻含有的铁和维生素 E 是预防贫血、活化脑细胞、消除血管胆固醇的重要成分；此外，黑芝麻含有的脂肪大多为不饱和脂肪酸，有延年益寿的作用。

受欢迎指数：★★★★☆

受欢迎指数：★★★★★

※ 制作点睛 ※

煮八宝粥之前要先将除了红枣、桂圆和核桃之外的食材泡 3 个小时以上，这样煮的时候会容易熟。

质软香甜的 **八宝粥**

原材料 ↘

黑豆 5 颗，红枣 7 颗，桂圆肉 5 颗，黑豆 20 克，赤小豆 20 克，花生米 10 克，紫米 10 克，薏米 10 克，莲子 10 克，芡实米 10 克，核桃干 10 克

调味料 ↘

红糖、冰糖各适量

制作步骤 ↘

1. 将除红枣、桂圆肉、核桃外的食材全部分类泡水 3 小时以上。

2. 将大砂锅中放入一半的水，加入红豆、黑豆、芡实煮开。

3. 半小时后倒入大米、紫米，连同泡好的水一同倒入。

4. 大火煮开转小火焖煮一小时后，倒入莲子、花生、红枣继续同煮。

5. 煮到粥非常黏稠后，加入核桃，再继续小火熬至软烂，最后加冰糖或红糖调味即可。

健康解密 | 八宝粥有健脾养胃、消滞减肥、益气安神的功效，可作肥胖及神经衰弱者食疗之用，也可作为日常养生健美之食品。

第 六 章

活色生香的**异国米饭**

米饭的足迹遍布全世界。

周游列国，

尝过天下美食，

最贪恋的还是那一盘独具特色的米饭。

香浓诱人的泰米焗青蟹，

清爽可口的韩国泡菜炒饭，

咖喱香味四溢的意大利红烩饭……

无一不紧紧牵引着你的舌头。

刚刚感受过充满奶香的美国风情，

再尝过坚果浓香的意大利风情，

一转眼又被精致诱人的日本美食勾了魂。

尝遍风情各异的异国米饭，

让你的胃在家就能实现环球旅行的梦想。

异国米饭　万种风情

日式寿司、饭团、咖喱饭、茶泡饭；韩式拌饭；意大利焗饭、烩饭、炒饭；东南亚各式特色米饭……同是米饭，不同国籍，风情也各异。尝过中国传统米饭，再尝尝感受全然不同的异国美味，让家人与朋友的味蕾来一场极致的环球旅行。

精细优雅的日式风情

日式饭品极具观赏性，讲究平静、优雅。所选食材是以新鲜的海产品和时令新鲜蔬菜为主，口感清淡、加工精细、色泽鲜艳。自然原味是日式饭品的"杀手锏"，其烹调方式注重味觉、触觉、视觉、嗅觉以及器皿和用餐环境的搭配意境。

除了寿司、饭团，咖喱饭、蛋包饭、茶泡饭都是哈日族食客们必吃的饭品。日式饭品最大的特点是以鱼、虾、贝类等海鲜品为烹食材料，味鲜带咸，有时稍带甜酸和辣味。除此之外，海苔、紫菜、海带、蛋皮、豆腐皮、春卷皮、大白菜、香菇、黄瓜、生菜等新鲜蔬菜也是日式饭品的最佳搭档，清淡、不油腻、精致、营养，着重视觉和味觉以及器皿之搭配，为日式饭品的一大特色。

辣中带甜的韩流盛宴

说到韩式料理，泡菜是绝对不能错过的。韩国泡菜选取了新鲜天然的蔬菜进行腌渍，泡菜在发酵过程中产生的乳酸菌具有促进消化、保护肠胃的作用，微辣的口感更能促进食欲，而且不会上火。

韩国人钟爱泡菜有一个很重要的原因，即韩国人的性情颇似泡菜——很辣，甚至有点暴烈；很爽，做事干脆麻利。正因如此，隐藏在韩国人心底的泡菜情结，恐怕永远都挥之不去。

除了泡菜，滑嫩的韩式烤肉、料足的石锅拌饭、味正的大酱汤、爽口的特色冷面及多种口味的年糕等都是经典的韩式料理。其中，韩式饭品里最具特色的，首推石锅拌饭。新鲜的配料极其丰富，将锅中的米饭与铺得整齐的菜码搅拌在一起，尤其还能听到石锅内滋滋的声响，十分有趣。锅底有一层锅巴，吃起来格外喷香诱人。随着热腾腾的蒸汽，饭、菜、酱料的香气也会飘散开来。

酸酸辣辣才是泰式米饭

泰国是一个临海的热带国家，绿色蔬菜、海鲜、水果极其丰富。因此泰式饭品中常常会将这些海鲜、水果、蔬菜融入其中，所谓因地制宜，物尽其用。像独家秘制酱汁的泰米青蟹、飘着果香的菠萝海鲜饭等都是让人食指大动的招牌饭品。这般酸辣开胃的热带美食，一旦吃上了瘾，只怕是想停也停不下来。

受欢迎指数：★★★★

原材料 ↘

米饭200克，带皮猪五花肉150克，大葱段、姜片、西蓝花、胡萝卜、八角各适量

调味料 ↘

盐3克，胡椒粉、五香粉、老抽、料酒、冰糖各适量

制作步骤 ↘

1. 带皮猪五花肉洗净，切大块，入沸水锅中余水后捞出；西蓝花掰成小朵，洗净；胡萝卜去皮，洗净，切丝。

2. 净锅置火上，放入肉块煸至出油时，调入盐、胡椒粉、五香粉、老抽、料酒，放入大葱段、姜片、冰糖、八角，并注入适量清水，以大火烧开，再改用小火慢卤至汤汁浓稠时，去除八角、大葱段、姜片。

3. 石锅中均匀刷上一层油，倒入米饭压紧，将肉块铺在其上。

4. 将石锅置于小火上加热，待锅底有一层锅巴时熄火。

5. 将西蓝花、胡萝卜分别放入加有盐和油的沸水锅中焯水后捞出，与酸笋一同置于肉块旁即可。

健康解密

这款菜肴中含有丰富的优质蛋白质和人体必需的脂肪酸，并提供血红素（有机铁）和促进铁吸收的半胱氨酸，能改善缺铁性贫血，具有补肾养血、滋阴润燥的功效。

原汁原味的 石锅卤肉饭

汁浓味厚的 五花肉拌饭

原材料 ↘

米饭150克，猪五花肉100克，胡萝卜、洋葱、包菜、熟白芝麻各适量

调味料 ↘

盐2克，料酒、老抽、韩国辣椒酱、香油各适量

制作步骤 ↘

1. 猪五花肉洗净，切片，加盐、料酒、老抽腌渍；胡萝卜去皮，洗净，切片；洋葱洗净，切片；包菜洗净，切碎；将胡萝卜、洋葱、包菜分别焯水后捞出，沥干水分。
2. 锅中入油烧热，放入肉片煎至两面均呈金黄色时盛出。
3. 取一净煲，在煲的底和四周均抹上一层香油，倒入米饭压平，放上肉片、胡萝卜、洋葱、包菜，调入韩国辣椒酱。
4. 将备好的材料置火上，以小火焖约8分钟后，撒上熟白芝麻即可。

健康解密

洋葱含丰富的钙、磷、铁、维生素 B_1 等微量元素，其中所含硫化丙烯，能提高维生素 B_1 在胃肠道的吸收率，五花肉中也富含维生素 B_1，这样就能保证身体更好地吸收维生素 B_1，而维生素 B_1 是碳水化合物代谢时所必需的辅酶，能增强碳水化合物的氧化功能，使能量注入疲劳的头脑与身体，维持神经组织、肌肉、心脏正常的活动，从而改善精神状况。

受欢迎指数：★★★★☆

原材料 ↘

米饭 150 克，八爪鱼 120 克，洋葱、菜梗、青红椒、熟白芝麻、姜、大蒜、淀粉各适量

调味料 ↘

盐、料酒、韩国辣椒酱、香油各适量

制作步骤 ↘

1. 八爪鱼处理干净，切条，氽水后捞出；洋葱、菜梗、青红椒均洗净，切条；姜、大蒜均去皮，洗净，切末。

2. 锅中入油烧热，入姜末、蒜末炒香，放入八爪鱼翻炒几下，加入洋葱、菜梗、青红椒同炒，调入盐、料酒、韩国辣椒酱炒匀，再以水淀粉勾芡，盛出，待用。

3. 石锅内壁刷一层香油，倒入米饭压紧，铺上炒好的菜品，置小火上焖煮，待煮至锅底有一层锅巴时熄火，撒上熟白芝麻即可。

受欢迎指数：★★★☆☆

※ 制作点睛 ※

　　八爪鱼氽水的时间不要太长；八爪鱼入锅之后一定要快速翻炒，另外，洋葱和菜梗特别容易熟，入锅之后大火翻炒均匀即可。

健康解密　　八爪鱼含有丰富的蛋白质、矿物质等营养元素，还富含抗疲劳、抗衰老，能延长人类寿命的重要保健因子——天然牛磺酸，其能补血益气、催乳生肌，可用于气血虚弱、头昏体倦等症。

鲜美爽口的 辣八爪鱼拌饭

117

品味独特的 印尼炒饭

原材料 ↘

米饭150克，鸡蛋2个，虾仁、胡萝卜、菜梗、豆角各适量

调味料 ↘

盐、胡椒粉、咖喱粉、甜酱油各适量

制作步骤 ↘

1. 虾仁洗净，切丁，加盐、料酒腌渍；胡萝卜去皮、洗净，切小粒；豆角洗净，焯水后捞出，切碎粒；菜梗洗净，切碎粒；取一个鸡蛋磕入碗中，搅散成蛋液。
2. 油中入油烧热，入虾仁过油后盛出。
3. 再热油锅，倒入蛋液滑散，加入米饭，放入胡萝卜、菜梗、豆角同炒片刻，加入咖喱粉继续翻炒，调入甜酱油翻炒至饭粒散开。
4. 调入盐、胡椒粉翻炒片刻，起锅盛入盘中。
5. 净锅热油，磕入一个鸡蛋稍煎至底面呈金黄色时盛出，置于炒好的米饭上即可。

※ 制作点睛 ※

米饭最好用隔夜的剩米饭做，如果没有剩饭，煮饭时，少放些水，让米煮出来硬一点儿，熟后晾凉再做。

特别解说

印尼炒饭是印尼的一道著名美食，属印尼料理。经过华人改版，印尼炒饭有很多个版本，每一个版本的印尼炒饭都有区别，完全根据个人的喜好增减配料、作料。但是不管怎样，要有新鲜的虾仁和甜酱油才可算是正宗的印尼炒饭口味。甜酱油不同于普通酱油，是用红糖、黑豆汁、水、盐做出来的，因为印尼人喜食甜辣口味，甜甜的酱油再配上辣辣的咖喱，口味尤其独特。

咸鲜油亮的
泰式炒饭

原材料 ↘

米饭150克，虾仁、香菇、葱、生菜叶各适量

调味料 ↘

盐、红咖喱酱、辣椒酱、鱼露、生抽各适量

制作步骤 ↘

1. 虾仁洗净，切碎粒；香菇用温水泡发，洗净，切碎；葱洗净，切葱花。
2. 锅中入油烧热，入虾仁、香菇稍炒后，倒入米饭翻炒均匀。
3. 调入盐、红咖喱酱、辣椒酱、鱼露、生抽炒匀，入葱花稍炒后，起锅盛入以生菜叶垫底的盘中即可。

特别解说

鱼露是闽菜、潮州菜和东南亚料理中常用的调味料之一，是用小鱼虾为原料，经腌渍、发酵、熬炼后得到的一种味道极为鲜美的汁液，色泽呈琥珀色，味道带有咸味和鲜味。

※ **制作点睛** ※

这款炒饭要用大火快炒；由于调味料丰富，所以盐不要放太多；在成品上撒些花生碎会更香。

受欢迎指数：★★★★★

受欢迎指数：★★★☆☆

原材料 ↘

米饭 150 克，青蟹 1 只，洋葱、姜、葱各适量

调味料 ↘

盐、咖喱粉、料酒、番茄酱各适量

制作步骤 ↘

1. 青蟹处理干净，蟹壳留整，其余部分剁成块，加盐、料酒腌渍；洋葱洗净，切碎；姜去皮，洗净，切末；葱洗净，切葱花。
2. 锅中入油烧热，倒入米饭翻炒至饭粒散开，调入盐、咖喱粉炒匀，起锅盛入盘中。
3. 再热油锅，入洋葱、姜末炒出香味，放入腌过的青蟹，盖上锅盖焖片刻。
4. 注入少许高汤烧开，调入番茄酱，待汤汁快干时，放入葱花，起锅盛于炒好的米饭上即可。

特别解说

　　青蟹肉味鲜美，营养丰富，但死青蟹忌食之，因为青蟹喜食动物尸体等腐烂性物质，故其胃肠中常带致病细菌和有毒物质，一旦死后，这些病菌大量繁殖；另外，青蟹体内还含有较多的组氨酸，组氨酸易分解，可在脱羧酶的作用下产生组胺和类组氨物质，尤其是当螃蟹死后，组氨酸分解更迅速，随着螃蟹死的时间越长，体内积累的组氨越多，而当组氨积蓄到一定数量时即会造成人体中毒。

养眼营养的 **泰米焗青蟹**

121

色香味全的

菠萝鸡肉饭

原材料 ↘

米饭120克，鸡胸肉1块，菠萝1个，胡萝卜、嫩玉米粒、葱各适量

调味料 ↘

盐、料酒各适量

制作步骤 ↘

1. 鸡胸肉洗净，切小丁，加盐、料酒腌渍；胡萝卜去皮，洗净，切小粒；嫩玉米粒洗净；葱洗净，切葱花。

2. 将菠萝对半切开，挖出菠萝果肉，切成丁。

3. 锅中入油烧热，入鸡胸肉稍炒后盛出。

4. 再热油锅，倒入米饭翻炒至饭粒散开，加入胡萝卜、嫩玉米粒、菠萝丁同炒均匀。

5. 入葱花稍炒后，起锅盛入被挖空的菠萝中即可。

※ 制作点睛 ※

在炒米饭的过程中，米饭会比较黏，要搅动，把米饭炒得粒粒分明；菠萝果肉与米饭略炒几下即可，以保留其果香。

健康解密　　菠萝中所含的蛋白质分解酵素可以分解蛋白质及助消化。另外，菠萝的诱人香味来自其成分中的酸丁酯，具有刺激唾液分泌及促进食欲的功效。

受欢迎指数：★★★☆☆

受欢迎指数：★★★☆☆

原材料 ↘

米饭 150 克，虾仁、蟹柳、鱿鱼、洋葱、青椒、香菜、奶酪丝各适量

调味料 ↘

盐、胡椒粉、咖喱粉、料酒、奶油白汁酱、黄油各适量

制作步骤 ↘

1. 虾仁、蟹柳、鱿鱼均洗净，切丁；洋葱、青椒均洗净，切片；香菜洗净，切碎。

2. 将虾仁、蟹柳、鱿鱼一同放入加有油、盐、胡椒粉、料酒的沸水锅中氽水后捞出。

3. 锅置火上，入黄油融化，倒入米饭炒散，调入盐、胡椒粉炒匀后盛出。

4. 再热油锅，放入洋葱炒香后，加入青椒同炒均匀，注入少许高汤烧开，调入盐、咖喱粉拌匀，待用。

5. 烤盘内刷一层油，放入炒过的米饭，铺上洋葱和青椒，把海鲜料码放在上面，放一层奶油白汁酱，再放上一层奶酪丝。

6. 将备好的材料放入烤箱内烤约 10 分钟后取出，撒上香菜碎即可。

香而不腻的 **西班牙海鲜饭**

123

鲜嫩味美的
意大利焗猪排饭

原材料 ↘
米饭 180 克，猪排 100 克，嫩豌豆、嫩玉米粒、奶酪丝各适量

调味料 ↘
盐、胡椒粉、黄油、白醋、番茄酱、奶油白汁酱、料酒各适量

制作步骤 ↘

1. 猪排洗净，用刀背敲松，加盐、料酒腌渍；嫩豌豆、嫩玉米粒均洗净，焯水后捞出。
2. 锅置火上，入黄油融化，倒入米饭炒散，调入盐、胡椒粉炒匀后盛出。
3. 锅中再入黄油加热，入嫩豌豆、嫩玉米粒稍炒片刻后，加入猪排，调入白醋、番茄酱炒匀，再倒入米饭炒匀，待用。
4. 烤盘内刷一层油，放入炒过的猪排米饭，放一层奶油白汁酱，再放上一层奶酪丝。
5. 将备好的材料放入烤箱内烤约 10 分钟即可。

※ 制作点睛 ※

用刀背将猪排敲松才可腌渍入味，有时间的话，最好将猪排放入冰箱冷藏 2 小时，更好入味。

受欢迎指数：★★★☆☆

第七章

健康营养的五谷杂粮饭

吃惯大鱼大肉，

何不尝试回味一下最淳朴的五谷杂粮的味道？

黑米、糯米、小米……

随便一拿，就是一道诱人食欲的美食。

如果这一种杂粮吃腻了，

可以稍微调整一下，

今天放些豆类，

明天放些水果，

后天还可以煮稀一些，加一点燕麦，

又是一顿秀色可餐的营养美食。

美味可口，

有利于健康和养生。

受欢迎指数：★★★★☆

原材料 ↘

糯米 150 克，荷叶 1 张，火腿、巧克力针各适量

调味料 ↘

盐 3 克，胡椒粉、老抽各适量

制作步骤 ↘

1. 糯米用清水浸泡约 6 小时后，淘洗干净，加盐、胡椒粉、老抽拌匀；火腿洗净，切小丁；荷叶洗净。

2. 将荷叶垫于竹筒中，刷上一层油，放入拌好的糯米，再放上火腿，并注入适量清水。

3. 将备好的材料放入锅中蒸熟后取出，撒上巧克力针即可。

香味弥漫的
火腿竹筒饭

健康解密

火腿色泽鲜艳，红白分明，含丰富的蛋白质和适度的脂肪，以及十多种氨基酸、多种维生素和矿物质，具有养胃生津、益肾壮阳、固骨髓、健足力、愈创口等作用。但是，火腿在制作过程中大量使用氯化钠（食盐）和亚硝酸钠（工业用盐），长期摄入过多盐分会导致高血压和动脉硬化，亚硝酸盐食用过量会造成食物中毒，所以大量长期食用火腿对人体健康有害，不应该将其作为蛋白质的主要来源。

原材料 ↘

黑米 150 克，哈密瓜、西瓜、猕猴桃各适量

调味料 ↘

白糖少许

制作步骤 ↘

1. 黑米淘洗干净，加入清水浸泡约 8 小时；哈密瓜、西瓜、猕猴桃均去皮，切小丁。

2. 将黑米盛入碗中，加入适量泡米的水，入锅蒸熟后取出，倒扣于盘中。

3. 准备一碗凉开水，放入水果丁，加入白糖调匀，淋在黑米饭上即可。

清爽不腻的 水果黑米饭

健康解密

这款佳肴具有益气、养血、生津、健脾胃的作用，适用于产后、病后以及老年人等一切气血亏虚、脾胃虚弱者服用。

受欢迎指数：★★★☆☆

受欢迎指数：★★★★★

原材料 ↘

大米、糯米各150克，猪大肠、卷心菜、
肥猪肉、鲜猪血、葱各适量

调味料 ↘

盐、老抽、醋、熟豆油各适量

※ 制作点睛 ※

米馅料装入肠内时，不能
塞得太满；煮制时宜用小火，
使其熟透。

制作步骤 ↘

1. 猪大肠用盐、醋搓洗干净，放入冷水中浸泡2小时后取出，剪成长段。

2. 卷心菜洗净，放入沸水锅中焯水后捞出，切碎；肥猪肉洗净，切成小丁；
   鲜猪血加入适量冷水搅拌均匀；葱洗净，切末；大米、糯米均用清水
   浸泡至软。

3. 将大米、糯米一起淘洗干净，加入鲜猪血、卷心菜、肥猪肉、熟豆油、
   老抽、盐、葱末拌匀。

4. 猪肠一端用麻线扎住，将调好的米馅料从另一端灌入肠内，再用麻线
   扎紧端口。

5. 将备好的材料放入热水锅中，以小火煮至熟透后取出，晾凉，斜切成片，
   摆入盘中即可。

软糯嫩滑的
米肠

特别解说

　　米肠因用米与猪肠制作而成，故名米肠。这种制法风味独特，
曾流行于东北地区的广大民间，因米肠油大油腻，适合于东北寒
冷的季节食用，以增加人体热量。

清香怡人的 血糯南瓜盅

原材料 ↘

小南瓜1个，血糯米150克，松仁少许

调味料 ↘

白糖适量

制作步骤 ↘

1. 血糯米淘洗干净，加入适量清水浸泡约4小时；小南瓜洗净，削去顶部，做出锯齿状边缘，去子，制成南瓜盅。

2. 将血糯米加入适量白糖拌匀，盛入南瓜盅中，再注入适量泡米水，放入锅蒸熟后取出，撒上松仁即可。

健康解密

这款佳肴具有养肝、养颜、润肤等功效，适宜营养不良、面色苍白、皮肤干燥及身体瘦弱者食用。需要注意的是，血糯米由于黏性强，容易生痰，所以发热、咳嗽、痰稠黄以及肠胃功能较差者，不宜多食。

受欢迎指数：★★★★☆

受欢迎指数：★★★★★

香甜软糯的

果味糯米

原材料 ↘

糯米200克，绿茶糕、南酸枣糕、山楂糕、黄桃、哈密瓜、西瓜各适量

调味料 ↘

白糖、冰糖各适量

制作步骤 ↘

1. 糯米用清水浸泡约4小时，淘洗干净；绿茶糕、南酸枣糕、山楂糕均切片；黄桃去皮取肉，切小粒；哈密瓜、西瓜均去皮，切小丁。

2. 在糯米中加入黄桃粒、白糖拌匀。

3. 取一个三角形模具，在内壁刷一层油，防止脱模时粘连。在尖角处放上绿茶糕，放上适量拌好的糯米，铺一层南酸枣糕，续放上适量拌好的糯米，最后放上山楂糕，再放上适量拌好的糯米填满模具。

4. 将备好的材料放入锅中蒸约20分钟后取出，脱模，倒扣于盘中。

5. 净锅中注入适量清水，放入冰糖熬至融化时，放入哈密瓜丁、西瓜丁拌匀，起锅淋在糯米饭上即可。

健康解密　　这款佳肴中含丰富的果胶、维生素、纤维素、有机酸、氨基酸、钙、铁、锌等营养成分，具有消积、化滞、行瘀的食疗作用。

流光溢彩的 水晶八宝饭

原材料 ↘

糯米 200 克，番茄、芒果、去心莲子、去核红枣、葡萄干、糖冬瓜条、黄瓜各适量

调味料 ↘

白糖、冰糖各适量

制作步骤 ↘

1. 糯米用清水浸泡约 4 小时，淘洗干净；番茄洗净，一半切小丁，一半切片；芒果去皮取肉，切丁；去心莲子泡发，洗净；去核红枣泡发，洗净，切片；葡萄干洗净；糖冬瓜条切丁。

2. 糯米盛入锅中，注入适量清水，煮熟，待凉后加入适量白糖拌匀。

3. 取一碗，在碗底刷一层油，放入番茄丁、芒果丁、莲子、红枣、葡萄干、糖冬瓜条，再将糯米饭轻轻覆盖在果脯丁上，稍稍压实。

4. 将备好的材料放入锅中蒸约 20 分钟后取出，倒扣于盘中。

5. 净锅中注入适量清水，放入冰糖熬至融化时，以水淀粉勾芡，起锅淋在八宝饭上，以番茄片、黄瓜片装饰即可。

健康解密　　这款八宝饭中含有多种矿物质、维生素、氨基酸，对神经衰弱和过度疲劳者有较好的补益作用，此外，其中的铁和钙含量也十分丰富，是儿童、妇女及体弱贫血者的滋补佳品。

受欢迎指数：★★★☆☆

受欢迎指数：★★★☆☆

原材料 ↘
糯米 150 克，南瓜、生菜叶各适量

调味料 ↘
盐少许

制作步骤 ↘

1. 糯米用清水浸泡约 4 小时，淘洗干净，加盐拌匀；南瓜去皮，洗净，切一个圆形片，其余的切条。
2. 将圆形南瓜片摆于碗底，南瓜条摆入碗边，再放上泡好的糯米，并注入适量清水。
3. 将备好的材料放入锅中蒸熟后取出，倒扣入以生菜叶垫底的盘中即可。

※ 制作点睛 ※

还可以水淀粉勾薄芡，更显水晶透亮。

细腻绵软的
糯米蒸南瓜

健康解密　　这款佳肴中含有蛋白质、脂肪、糖类、钙、磷、铁、维生素 B_1、维生素 B_2、烟酸及淀粉等，营养丰富，具有补中益气、健脾养胃、止虚汗之功效，对食欲不佳、腹胀腹泻等症状有一定缓解作用。

金黄糯香的 **风味小米喳**

原材料 ↘
小米 150 克，带皮五花肉适量

调味料 ↘
白糖适量

制作步骤 ↘

1. 小米淘洗干净，再用清水浸泡 1 天，泡米期间要注意每隔一段时间换一次水。
2. 带皮五花肉洗净，将皮朝下，放入热油锅中炸呈金黄色时取出，切小丁。
3. 将泡好的小米盛入碗中，加入肉丁、白糖拌匀，并注入少许清水。
4. 将备好的材料放入锅中蒸至肥肉化掉时取出，倒扣于盘中即可。

健康解密　这款佳肴中富含蛋白质、脂肪、淀粉、钙、磷、铁、碳水化合物及维生素 B_1、维生素 B_2 等，具有清热和中、利尿通淋的作用。

※ 制作点睛 ※

　　如果用压力锅来做的话，可以缩短小米的浸泡时间，如果不是，则浸泡时间要延长一些，这样成品才又软又糯。

受欢迎指数：★★★★☆

受欢迎指数：★★★★★

※ **制作点睛** ※

五花肉要斜切，因为其肉质比较细、筋少，如横切，熟后易变得凌乱散碎，如斜切，既可使其不破碎，吃起来又不塞牙。

健康解密

五花肉有补肾养血、滋阴润燥的作用，对肾虚体弱、产后血虚、燥咳、便秘、补虚等有良好的效用。

质软咸香的 肉松糯米饭

原材料 ⊿

糯米150克，猪五花肉80克，肉松、花生仁、姜末各适量

调味料 ⊿

盐、胡椒粉、料酒、老抽、草莓果酱各适量

制作步骤 ⊿

1. 糯米用清水浸泡约3小时后，淘洗干净；猪五花肉洗净，切条，加盐、胡椒粉、料酒、老抽腌渍；花生仁洗净。
2. 糯米中加入花生仁、姜末，调入盐、老抽拌匀。
3. 在圆柱形模具中刷一层油，放入腌好的五花肉，再放入拌好的糯米，注入适量清水，入锅蒸熟后取出，脱模倒扣于盘中，淋上草莓果酱，放上肉松即可。

油润酥糯的 **荷香糯米东坡肉**

原材料 ↘

糯米 150 克，荷叶 1 张，带皮五花肉、莲子、红枣、八角、桂皮、香叶、葱段、姜片各适量

调味料 ↘

盐、老抽、料酒、冰糖各适量

制作步骤 ↘

1. 糯米用清水浸泡约 10 小时后，淘洗干净；莲子、红枣均泡发，洗净；带皮五花肉洗净，放入沸水锅中汆水后捞出，在肉皮上抹上一层老抽；八角、桂皮、香叶、葱段、姜片用纱布包好，做成香料包；荷叶洗净。

2. 净锅中注入适量清水烧开，放入香料包、冰糖，调入盐、老抽、料酒，再放入五花肉炖至八成熟时取出，稍凉后切块。

3. 取一大碗，铺上荷叶，将五花肉肉皮朝下摆于荷叶上，周围放上莲子和红枣，再放上泡好的糯米，浇入适量煮肉的汤汁。

4. 将备好的材料入锅蒸约 30 分钟后取出，倒扣于盘中，去除荷叶即可。

※ 制作点睛 ※

没有荷叶的季节里可以用干荷叶，也很香；炖时要用小火慢炖，切不可火大，否则会散烂。

健康解密

这款佳肴中含丰富的蛋白质、脂肪、钙、铁、磷等营养成分，具有滋阴壮阳、益精补血的功效。

受欢迎指数：★★★★★

受欢迎指数：★★★★☆

原材料 ↘
糯米 150 克，带皮五花肉 100 克，荷叶 1 张

调味料 ↘
盐 3 克，胡椒粉、老抽、料酒、香油各适量

※ 制作点睛 ※

蒸的中途记得察看水量，防止水被烧干。

制作步骤 ↘

1. 糯米用清水浸泡约 6 小时后，淘洗干净，加盐、胡椒粉、老抽拌匀；带皮五花肉洗净，放入加有盐、料酒的沸水锅中氽水后捞出，切大片；荷叶洗净。

2. 将荷叶垫于竹筒中，刷上一层油，排入肉片，并在肉片间放入拌好的糯米，淋入香油，并注入适量清水。

3. 将备好的材料放入锅中蒸熟后取出即可。

特别解说

　　五花肉又称"三层肉"，位于猪的腹部，猪腹部脂肪组织很多，其中又夹带着肌肉组织，肥瘦间隔，故称"五花肉"。这部分的瘦肉也最嫩且最多汁。上选的五花肉，以靠近前腿的腹前部分层比例最为完美，脂肪与瘦肉交织，色泽为粉红。五花肉一直是一些代表性菜肴的最佳主角，如梅菜扣肉、南乳扣肉、东坡肉、回锅肉、粉蒸肉等等。它的肥肉遇热容易化，瘦肉久煮也不柴。

荷香四溢的
竹筒糯米肉

色味诱人的 酱油糯米蟹

原材料 ↘

糯米 150 克，蟹 1 只，胡萝卜、香菇、葱、香菜叶各适量

调味料 ↘

盐、老抽、料酒各适量

制作步骤 ↘

1. 糯米用清水浸泡约 4 小时，淘洗干净；蟹处理干净，砍成块，蟹壳留整，加盐、料酒腌渍；胡萝卜去皮，洗净，切碎；香菇泡发，洗净，切小粒；葱洗净，切葱花。

2. 锅中入油烧热，放入胡萝卜、香菇稍炒，加入糯米翻炒均匀，调入盐、老抽炒至上色。

3. 注入适量清水，盖上锅盖焖约 5 分钟。

4. 将米饭装入盘中，撒上葱花，放上蟹块，盖上蟹壳，入锅蒸约 10 分钟后取出，以香菜叶装饰即可。

健康解密 这款佳肴中含有丰富的蛋白质及微量元素，对身体有很好的滋补作用，对于瘀血、黄疸、腰腿酸痛和风湿性关节炎等有一定的食疗效果。吃螃蟹时不可饮用冷饮，否则会导致腹泻。

受欢迎指数：★★★★☆

受欢迎指数：★★★★☆

糯而不腻的

酸甜黑沙小汤圆

原材料 ↘

糯米粉、黑芝麻各150克，雪梨丁、黄桃丁、菠萝丁、椰果、酒酿各适量

调味料 ↘

白糖适量

制作步骤 ↘

1. 黑芝麻入锅炒熟，碾碎，加入白糖拌匀，作为馅料。

2. 糯米粉中加入适量清水揉成团，再揉搓成长条，用刀切成小剂子。

3. 将小剂子逐个按扁，包入黑芝麻馅料，捏圆，再放入沸水锅中煮。

4. 倒入酒酿，快熟时放入雪梨丁、黄桃丁、菠萝丁、椰果，加入白糖拌匀即可。

特别解说

　　酒酿是蒸熟的江米（糯米）拌上酒酵（一种特殊的微生物酵母）发酵而成的一种甜米酒，在各地称呼不同，又叫醪糟、酒娘、米酒、甜酒、甜米酒、糯米酒、江米酒、酒糟。

健康解密　　　这款佳肴中富含碳水化合物、蛋白质、B族维生素、矿物质等，这些都是人体不可缺少的营养成分。B族维生素有促进乳汁分泌的作用，另外，酒酿中含有少量的酒精，可以促进血液循环，有助消化及增进食欲的功能。

原材料 ↘

糯米 200 克，荷叶 1 张，鸡胸肉、咸鱼、腊肠、花生仁、干贝、葱、香菜各适量

调味料 ↘

盐、胡椒粉、料酒、生抽、香油各适量

鲜嫩香脆的
咸鱼鸡粒糯米饭

制作步骤 ↘

1. 糯米用清水浸泡约 4 小时，淘洗干净；咸鱼切小块；鸡胸肉洗净，切小粒，加盐、胡椒粉、料酒腌渍；腊肠洗净，切小丁；花生仁洗净，入锅炸至酥脆，待用；干贝泡发，洗净，撕成丝；葱洗净，切葱花；香菜洗净，切碎；荷叶洗净。

2. 油锅烧热，入鸡胸肉、咸鱼块、腊肠、花生仁稍炒，加入糯米翻炒均匀，调入盐、生抽炒匀，注入适量清水，盖上锅盖焖约 5 分钟。

3. 将炒过的糯米饭盛入以荷叶垫底的蒸笼中，撒上干贝丝、葱花、香菜碎，淋入香油，入锅蒸约 10 分钟即可。

健康解密

这款佳肴中含丰富的蛋白质、脂肪、钙、磷、铁、镁、钾、钠、维生素、烟酸等成分，对营养不良、畏寒怕冷、乏力疲劳、贫血、虚弱等有很好的食疗作用，另有温中益气、补虚填精、健脾胃、活血脉、强筋骨的功效。

受欢迎指数：★★★☆☆

受欢迎指数：★★★★☆

原材料 ↘
黑米 150 克

调味料 ↘
沙拉酱适量

制作步骤 ↘
1. 黑米淘洗干净，加入清水浸泡一夜。
2. 将黑米盛入锅中，注入适量泡米水，煮熟。
3. 将黑米饭盛入三角形模具中，刷上一层香油，压实，脱模后置于盘中，挤上沙拉酱即可。

软糯香浓的
黑米金字塔

※ 制作点睛 ※

黑米米粒外部有坚韧的种皮包裹，不易煮烂，故应先浸泡一夜再煮。

健康解密　黑米外表墨黑，营养丰富，有"黑珍珠"和"世界米中之王"的美誉，具有滋阴补肾、健脾暖肝、补益脾胃、益气活血、养肝明目等效用。

第 八 章

欢乐米点

白白胖胖的米饭只是个憨厚的角色，

总乖乖地躺在电饭锅中吗？

不！

那只能让小朋友看了就跑，

年轻人见了远远躲开，

妈妈们更是烦恼忧心。

如果你也吃腻了"清心寡欲"的米饭，

那就快来花些心思，动动手，

将这种大米变成各色点心吧。

那种清香和润滑，

甜的，咸的，爽口的，弹牙的……

你总能找到一款挚爱的口味。

酥香味透的
鲜果锅巴

原材料 ↘
大米做成的锅巴350克,梨子、苹果各1个,枸杞、淀粉各适量

调味料 ↘
盐3克,白糖适量

制作步骤 ↘
1. 梨子、苹果均去皮,洗净,切成丁;枸杞泡发,洗净。
2. 将梨子、苹果、枸杞盛入锅中,注入适量清水,加入盐、白糖烧开,以水淀粉勾芡,起锅盛入碗中。
3. 油锅烧热,放入锅巴炸酥脆,起锅装盘,上桌时将水果连汁倒在锅巴上食用即可。

健康解密　这款点心中用了苹果和梨子制成的汁,其中含有的果胶和鞣酸有收敛作用,可将肠道内积聚的毒素和废物排出体外,所含的粗纤维能松软粪便,利于排泄,有机酸能刺激肠壁,增加蠕动作用,而维生素C更可有效保护心血管。

受欢迎指数: ★★★★★

受欢迎指数：★★★★☆

原材料 ↘

大米、紫米各 150 克，小麦粉适量

※ 制作点睛 ※

卷锅巴卷的时候要小心，以免弄碎。

调味料 ↘

白糖适量

制作步骤 ↘

1. 大米、紫米均淘洗干净，注入适量清水浸泡约 40 分钟。

2. 将大米、紫米一同盛入蒸锅中蒸熟，再让其自然冷却。

3. 在蒸好的米饭中加入适量油、小麦粉、白糖拌匀。

4. 将米饭平铺，用轧片机压成薄片，再切成方块。

5. 锅中入油烧热，放入切好的薄米片炸至金黄色时捞出，卷成卷状，摆入盘中即可。

特别解说

　　锅巴味道鲜美，营养丰富，通常由大米、小米、黄豆等制成，是人们喜爱的食品之一。其不仅具有薄、脆、香的特色，而且保留了原有的各种天然营养成分，是纯正的天然绿色产品。

香脆爽口的 **紫米锅巴卷**

香糯软滑的
笑脸豆沙糯米团

原材料 ↘
糯米粉 200 克，果珍粉 10 克，豆沙馅 50 克

调味料 ↘
白糖适量

制作步骤 ↘

1. 取一半糯米粉，加入温开水和白糖拌匀，揉成白色团子。
2. 将另一半糯米粉与果珍粉混合，加入温开水和白糖拌匀，做成橙色的团子。
3. 将白色小团子和橙色小团子分别包入豆沙馅料，再在表面做上笑脸，放入锅中，隔水蒸 15 分钟即可。

※ 制作点睛 ※

为防止粘手，建议在拿取及揉压面团的时候，可戴涂过油的一次性手套。

受欢迎指数：

原材料 ↘

糯米、大米各 150 克，葱花适量

调味料 ↘

盐少许

受欢迎指数：★★★★★

制作步骤 ↘

1. 糯米用清水浸泡约 4 个小时，再洗净；大米浸泡 30 分钟后洗净。

2. 将泡好的糯米和大米混合，一起倒入电饭锅中，注入适量清水煮熟。

3. 煮好的饭稍降温，用擀面杖的一头将米饭捣烂，放入盐和葱花拌匀。

4. 将保鲜盒内壁和底部均匀刷上一层油，倒入米饭，用力压紧实，放入冰箱冷藏 2 小时。

5. 冷却后，将米饭从饭盒中倒扣出，切成方块。

6. 油锅烧热，放入米饭块炸至表面金黄即可。

※ 制作点睛 ※

炸的时候，锅中不要一次性放入太多的米饭块，最好留有较大空间，否则糯米遇热易互相粘连；炸的时候，油不一定要多，但要记得一面炸好了，再炸另一面，经常翻动反而会散。

健康解密　这款点心中含多种营养成分，具有补中益气、健脾养胃、益精强志的功效，对食欲不佳、腹胀腹泻有一定的缓解作用。

别有风味的 糍饭糕

糯软黏柔的
打糕

原材料 ↘
糯米 200 克，黄豆粉、椰汁各适量

调味料 ↘
白糖适量

制作步骤 ↘

1. 糯米用清水浸泡约 4 小时后淘洗干净；黄豆粉与白糖入锅中炒香。
2. 将糯米盛入锅中，倒入适量椰汁煮熟。
3. 将糯米饭稍放凉后，平铺在保鲜膜上，用擀面杖敲打成糊状，再分切成块。
4. 将米糕放入炒好的黄豆粉中滚一下即可。

特别解说

　　打糕是用木槌捶打煮熟的糯米制成的糕，性黏，原来是朝鲜族春节的早点。除夕傍晚，家家户户忙着打制年糕，到了春节早晨，男女老少穿着新衣，全家欢聚一堂，吃着新打出的年糕，期盼新的一年五谷丰登。现在，打糕已经成为当地四季皆可吃的风味名小吃。

※ 制作点睛 ※

可用花生粉代替黄豆粉，会香很多。

受欢迎指数：★★★★★

受欢迎指数：★★★★☆

原材料 ↘

糯米 300 克，猪肉、香菇、粽叶、粽绳各适量

调味料 ↘

盐、白糖、五香粉、老抽各适量

制作步骤 ↘

1. 糯米浸泡 3 小时后，淘洗干净；猪肉洗净，切条；香菇用温水泡发、洗净，切丝；粽叶及粽绳均洗净。

2. 将猪肉、香菇混合，调入盐、白糖、五香粉、老抽拌匀成馅料，腌渍片刻。

3. 取粽叶，在 1/3 处折成漏斗状。

4. 在漏斗中盛入适量糯米，放入馅料，再加入糯米填满，接着将多余的粽叶折回盖住漏斗包裹好。

5. 用粽绳在粽腰处扎紧打结，完成后放入锅中，以水盖过粽子为宜，用中火煮约 2 小时即可。

特别解说

　　粽又称"角黍"、"筒粽"，是端午节汉族的传统节日食品，由粽叶包裹糯米蒸制而成。传说是为纪念屈原而流传的，是中国历史上文化积淀最深厚的传统食品之一。粽子软糯滑腻，口味多样，颇受人们喜爱。如果能吃上自己亲手包出来的粽子，不管好吃与否，肯定别有一番滋味。

清香淡雅的 **粽子**

风味绝佳的
椰香紫米糍

原材料 ↘

紫米 200 克，椰汁、红豆沙、椰丝各适量

调味料 ↘

白糖适量

制作步骤 ↘

1. 将紫米磨成粉状，加入适量椰汁、白糖拌匀，揉成光滑的面团。
2. 将面团分为若干等份，并逐个捏成碗状，包入红豆沙，再握成球状，制成紫米糍生坯。
3. 将紫米糍生坯放入蒸锅，以大火蒸约 15 分钟后取出，趁热滚上椰丝即可。

健康解密　这款点心中含有较多的皂角甙，可刺激肠道，有良好的利尿作用，能解酒、解毒，对心脏病和肾病、水肿有益。此外，还含有较多的膳食纤维，具有良好的润肠通便、降血压、降血脂、调节血糖、解毒抗癌、预防结石、健美减肥的作用。

受欢迎指数：★★★★☆

受欢迎指数：★★★☆☆

原材料 ↘
紫米 300 克，去心莲子、去核红枣、
椰汁各适量

调味料 ↘
白糖适量

制作步骤 ↘

1. 紫米洗净，用清水浸泡一夜，再将紫米及泡紫米的水倒入锅中，煮熟，加入椰汁、白糖搅匀。

2. 去心莲子洗净，入蒸笼蒸熟；去核红枣洗净，对半切开。

3. 把煮熟的紫米分为若干份，置于编织好的船形容器中，再放上莲子、红枣，入笼蒸约 10 分钟即可。

健康解密

这是清心润肺、益气安神、滋润养颜的一道甜品，适宜熬夜后的干咳、失眠、心烦。对肺燥引起的咳嗽，特别是对那些无痰干咳、喉头发痒的患者更为有益。

※ 制作点睛 ※

紫米富含纯天然营养色素和色氨酸，下水清洗或浸泡会出现掉色现象（营养流失），因此不宜用力搓洗，浸泡后的水请随同紫米一起蒸煮食用，不要倒掉。

独具创意的
客家福满船

绵软美味的

糯米大枣

原材料 ↘
无核红枣 150 克，糯米粉 50 克

调味料 ↘
冰糖适量

制作步骤 ↘

1. 无核红枣泡发，洗净；冰糖加水融化成冰糖水。
2. 将糯米粉加入适量温水搅拌后揉成团，再搓成小条。
3. 用小刀逐个将红枣中间切一刀，夹入搓好的糯米小条，置入盘中，洒上冰糖水，入锅蒸约 1 小时即可。

健康解密

红枣中富含的环磷酸腺苷，是人体能量代谢的必需物质，能增强肌力、消除疲劳、扩张血管、增加心肌收缩力、改善心肌营养，对防治心血管疾病有良好的作用。此外，红枣具有补虚益气、养血安神、健脾和胃等功效，是气血不足、倦怠无力、失眠等患者良好的保健营养品。

※ 制作点睛 ※

喜欢甜食的人也可在糯米粉中适量加入白糖。

受欢迎指数：★★★★★

原材料 ↘

糯米 200 克，排骨 300 克，干荷叶 1 张，葱适量

调味料 ↘

盐 3 克，胡椒粉、白糖、老抽、料酒、五香粉、腐乳汁、香油各适量

制作步骤 ↘

1. 排骨洗净，剁成长段；糯米用清水浸泡约 2 小时后，洗净；葱洗净，切葱花。

2. 将排骨用所有调味料腌拌均匀，约 15 分钟后，放入泡好的糯米中，均匀粘裹上糯米。

3. 干荷叶泡发，洗净，垫入蒸笼底部，放上排骨，再撒上一层糯米，上锅蒸约 1 小时后取出，撒上葱花即可。

健康解密　糯米排骨中含丰富的蛋白质、脂肪、维生素、钙、磷、铁等营养成分，具有补虚强身、滋阴润燥的作用。凡病后体弱、产后血虚者，皆可用之作营养滋补之品。但若是胃肠消化系统不太好，那就不建议吃太多、太频繁，以免发生难以消化、囤食的感觉。

受欢迎指数：★★★★★

※ 制作点睛 ※

排骨一定要提前腌渍，才能入味；蒸制的时间跟排骨大小、铺排骨的方式都有关系。

鲜嫩多汁的 **糯米排骨**

甜糯适口的
蜜汁糯米藕

原材料 ↘
藕500克，糯米适量

调味料 ↘
冰糖各适量

制作步骤 ↘

1. 藕去皮，洗净，切去一端的藕节，再将孔内泥沙洗净，沥干水分，切下来的藕节待用。

2. 糯米淘洗干净，在藕的切开处灌入糯米，并用筷子将糯米塞紧，再用牙签将切下的藕节连接上并扎紧，以防糯米外漏。

3. 将备好的糯米藕节放入锅中，注入适量清水以大火烧开，放入冰糖，再转小火煮至藕节变成微红色时捞出，晾凉后切片，摆入盘中即可。

特别解说

　　蜜汁糯米藕是将糯米灌在莲藕中加以精心制作，是江南传统菜式中一道独具特色的中式甜品，以其香甜、清脆、香气浓郁而享有口碑。杭州桂花糯米藕软绵甜香，西湖的莲藕则是藕中的极品，同样著名的南京桂花蜜汁藕更是和"桂花糖芋苗"、"梅花糕"、"赤豆酒酿小圆子"一同被誉为金陵四大最有人情味的街头小食。

受欢迎指数：★★★★★

受欢迎指数：★★★★☆

原材料 ↘
黑米 200 克，花生仁、甜椒、熟白芝麻各适量

调味料 ↘
白糖、盐各适量

制作步骤 ↘
1. 花生仁用清水浸泡后洗净；甜椒洗净，切碎。
2. 黑米淘洗干净，加入清水浸泡约 8 小时，再盛入笼内蒸熟，加入适量熟白芝麻和白糖拌匀。
3. 将拌好的材料填入模具中，用勺子压紧，脱模，摆入盘中。
4. 锅中入油烧热，入花生仁、甜椒翻炒均匀，调入盐炒匀，起锅置于米糕上即可。

健康解密　　黑米营养丰富，经常食用，有利于防治头昏、目眩、贫血、白发、眼疾、腰膝酸软、肺燥咳嗽、大便秘结、小便不利、肾虚水肿、食欲不振、脾胃虚弱等症。

绵软香甜的 **芝麻黑米糕**

醇美椰香的
紫米烧麦

原材料 ↘

紫米200克，面粉、椰汁各适量

调味料 ↘

白糖、奶油各适量

制作步骤 ↘

1. 紫米浸泡约4小时后淘洗干净，倒入蒸锅中蒸熟，加入椰汁、奶油、白糖拌匀。
2. 面粉盛入盆中，缓缓倒入温开水，一边倒一边用筷子顺一个方向将面拌成大雪花状，再揉成面团，盖上湿布饧发30分钟。
3. 取出面团，搓成长条，再切成小剂子。
4. 将小剂子按扁，用擀面杖擀成面皮。
5. 取一张面皮，在其中央放上拌好的紫米饭，提起面皮往中间收拢呈褶皱状，做成烧麦生坯。如此重复将剩余材料均包好。
6. 将烧麦生坯摆入蒸笼中，入锅蒸约8分钟即可。

受欢迎指数：★★★☆☆

受欢迎指数：★★★★☆

原材料 ↘

猪肉 300 克，糯米、马蹄、姜末、红甜椒、葱各适量

调味料 ↘

盐、味精、胡椒粉、料酒、生抽各适量

制作步骤 ↘

1. 猪肉洗净，剁成末；马蹄去皮，洗净，切碎粒；糯米淘洗干净，用温水浸发后沥干；红甜椒洗净，切碎粒；葱洗净，切葱花。
2. 将肉末、马蹄混合，加入盐、味精、胡椒粉、料酒、生抽、姜末混合拌匀，再挤出大小相同的一些肉圆。
3. 将肉圆放入糯米中滚动粘上糯米。
4. 再将粘上糯米的肉圆置入以荷叶垫底的蒸笼中，入锅蒸约 20 分钟后取出，撒上红椒碎和葱花即可。

※ 制作点睛 ※

　　做珍珠丸子的精肉须剔去筋膜；剁猪肉末时，可在砧板上抹上淀粉，拌和搅至透味上劲；因为糯米是白色的，为了确保蒸好后的颜色漂亮，不要在调拌肉馅的时候使用老抽，用生抽就可以了；根据自己的喜好，将糯米换成紫米来做，就可以做出黑珍珠丸子。

清香细嫩的 **珍珠丸子**

鲜味四溢的 **糯米鸡**

原材料 ↘
糯米 250 克，鲜荷叶 2 张，鸡腿肉、香菇、竹笋、嫩豌豆、淀粉各适量

调味料 ↘
盐、胡椒粉、料酒、生抽、蚝油各适量

制作步骤 ↘

1. 糯米用清水浸泡约 2 小时后，淘洗干净，再入锅煮熟；鸡腿肉洗净，切丁，加料酒、生抽、蚝油、淀粉拌匀腌渍；香菇用温水泡发，洗净，切丁；竹笋洗净，切丁，焯水后捞出；嫩豌豆洗净，焯水后捞出。
2. 锅中入油烧热，倒入鸡丁稍快速翻炒，调入盐、胡椒粉，加入竹笋、香菇、嫩豌豆炒匀后关火。
3. 将糯米饭与炒好的食材拌匀。
4. 将鲜荷叶洗净，放入沸水中焯烫一下，铺上备好的食物，包好，并用绳子系紧，入锅以小火蒸约 15 分钟即可。

特别解说

　　糯米鸡是广东点心的一种，其制法是在糯米里面放入鸡肉、香菇等馅料，然后以荷叶包实放到蒸具蒸熟。拆开荷叶时清香扑鼻，糯米润滑可口，鸡肉味道完全渗透到糯米之中，荷叶的清香回味悠长，风味独特。

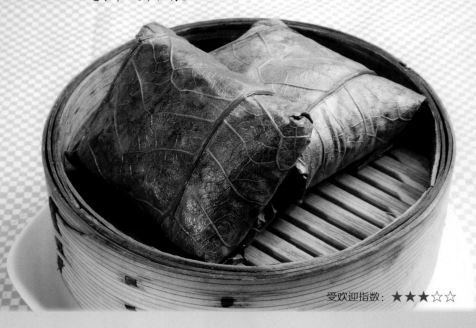

受欢迎指数：★★★☆☆

受欢迎指数：★★★★☆

原材料 ↘

糯米 200 克，排骨 300 克，粽叶、淀粉各适量

调味料 ↘

盐、胡椒粉、生抽、料酒、十三香各适量

制作步骤 ↘

1. 排骨洗净，剁成段，加盐、胡椒粉、生抽、料酒、十三香、淀粉拌匀后，放入冰箱冷藏 3 小时。

2. 糯米用清水浸泡 3 小时后，淘洗干净；粽叶洗净。

3. 将适量的糯米铺在粽叶的一头，放上腌渍好的排骨，再撒上适量糯米，并将其卷成卷。

4. 蒸锅内注入适量清水，放入卷好的糯米排骨，盖上锅盖，大火上汽后转中火蒸约 50 分钟即可。

※ 制作点睛 ※

如果排骨没什么脂肪，腌渍的时候可以加点油一起拌，蒸好的成品才不会发柴，口感也更香。

健康解密　这款佳肴中富含蛋白质、脂肪、维生素、磷酸钙、骨胶原、骨黏蛋白等，还可为人体提供充足的钙质，具有滋阴壮阳、益精补血的功效。

糯香可口的 **粽香糯米骨**

157

酥脆软糯的
糯米鸭

原材料 ↘

糯米 150 克，鸭脯肉、胡萝卜、嫩豌豆、姜各适量

调味料 ↘

盐、胡椒粉、料酒、生抽各适量

制作步骤 ↘

1. 鸭脯肉洗净，切小丁，加盐、料酒腌渍；胡萝卜去皮，洗净，切小粒；嫩豌豆洗净，焯水后捞出；姜去皮，洗净，切末。
2. 锅中入油烧热，入姜末炒香，加入鸭脯肉、胡萝卜、嫩豌豆炒匀，调入盐、胡椒粉、生抽翻炒至熟，待用。
3. 糯米用清水浸泡约 2 小时后，淘洗干净，再入锅煮熟。
4. 煮好的饭稍降温，用擀面杖的一头将米饭捣烂，放入炒好的材料拌匀，备用。
5. 锅中入油烧热，放入备好的材料煎至两面均呈金黄色时盛出即可。

健康解密

　　糯米鸭中含有丰富的 B 族维生素和维生素 E，能有效抵抗脚气病、神经炎和多种炎症，还能抗衰老。此外，它还含有较为丰富的烟酸，是构成人体内两种重要辅酶的成分之一，对心肌梗死等心脏疾病患者有保护作用。

受欢迎指数：★★★★☆

第 九 章

宝宝最爱的饭团

宝宝对米饭提不起食欲，

妈妈们常常为了让宝宝吃一口饭追着满屋子跑，

这时候，不妨将米饭捏成各种形状可爱的饭团。

当米饭甜糯的香味溢满整个屋子，

宝宝们稚嫩的脸庞见到饭团时笑脸愈渐绽放，

这莫过于妈妈们最欣慰的事了。

普通的米饭，

做成造型各异的可爱饭团，

不仅增进宝宝的食欲，

更让宝宝觉得吃饭是一件乐事，

让宝宝从此爱上吃饭！

受欢迎指数：★★★★☆

※ **制作点睛** ※

团饭团时一定要轻柔，否则米饭很易散乱。

造型可爱的

熊猫饭团

原材料 ↘

米饭 150 克，海苔 1 张，鸡胸肉 50 克，胡萝卜 30 克，生菜叶 1 片

调味料 ↘

盐、胡椒粉各 2 克

制作步骤 ↘

1. 鸡胸肉洗净，剁成末，加盐、胡椒粉腌渍；胡萝卜去皮，洗净，切小丁。
2. 锅中入油烧热，放入鸡胸肉、胡萝卜炒熟后盛出。
3. 将米饭捏成饭团，压扁，放入炒好的鸡胸、胡萝卜，分别包成两个小饭团，盛入以生菜叶垫底的盘中。
4. 将海苔分别剪成熊猫的耳朵、眼睛、嘴巴的形状，摆在饭团上即可。

健康解密　海苔是很多宝宝都喜欢的食物，其中浓缩了紫菜中的 B 族维生素，特别是核黄素和烟酸的含量十分丰富，还有不少维生素 A、维生素 E 和少量的维生素 C，有利宝宝健康成长。

原材料 ↘

米饭 150 克，蟹柳、海苔、火腿肠各适量

调味料 ↘

番茄酱少许

制作步骤 ↘

1. 将米饭放在保鲜膜上，制作一个圆形饭团；将蟹柳表面红色表皮小心剥下，用做圣诞老人的帽子。
2. 在饭团的一半面积抹上番茄酱。
3. 用海苔裁剪出眼睛和嘴巴装饰在饭团上，切一小段火腿肠作为鼻子即可。

健康解密　这款饭团能供给宝宝成长所需要的蛋白质、脂肪、碳水化合物、各种矿物质和维生素等营养，有利宝宝的身体发育。

美味可口的

圣诞老人饭团

※ 制作点睛 ※

海苔要剪成带微笑的眼睛和嘴巴，才能更吸引宝宝。

受欢迎指数：★★★★★

受欢迎指数：★★★★★

原材料 ↘

米饭 80 克，肉松、海苔、小香肠、胡萝卜各适量

制作步骤 ↘

1. 将胡萝卜洗净；将米饭团成圆形饭团，用来做娃娃的脸。

2. 用肉松盖在饭团的上半部分，做娃娃的头发。

3. 切两片小香肠做娃娃的红脸蛋，用胡萝卜做一个蝴蝶结形状装饰头发。

4. 最后，用干净的剪刀裁剪海苔，装饰眼睛和嘴巴，一个可爱的肉松娃娃饭团就诞生了。

甜咸适中的 肉松娃娃饭团

健康解密

肉松富含碳水化合物、叶酸、硫胺素、核黄素、烟酸、维生素 E、钙、磷、钾等营养成分，有利宝宝的成长。

※ 制作点睛 ※

肉松不能受潮，也不能放入冰箱保存。每次取用时，要用干燥的筷子，不得沾带水汽。

自然纯粹的 **红薯饭团**

原材料 ↘
红薯 100 克，米饭 150 克，海苔 1 张，白芝麻 5 克

调味料 ↘
盐 2 克，白糖 10 克，白醋 20 克

制作步骤 ↘
1. 红薯去皮，洗净，放入锅中蒸熟后取出，晾凉后切圆片（红薯一定要蒸熟透，因为红薯中淀粉的细胞膜不经高温破坏，难以消化）；海苔剪成细条；盐、白糖、白醋调匀成寿司醋。
2. 将米饭与寿司醋拌匀，用手捏成和红薯片差不多大的圆饭团。
3. 在每个饭团上放上一片蒸好的红薯，用海苔条与芝麻装饰即可。

健康解密　　红薯中含有丰富的淀粉、膳食纤维、胡萝卜素、维生素以及钾、铁、铜、硒、钙等 10 余种微量元素和亚油酸等，营养价值很高，能刺激肠道，增强蠕动，通便排毒，还可增强宝宝的免疫力。

受欢迎指数：★★☆☆☆

受欢迎指数：★★★☆☆

营养全面的
彩色饭团

原材料 ↘
米饭 150 克，胡萝卜、紫甘蓝、菠菜各适量

调味料 ↘
盐少许

制作步骤 ↘

1. 胡萝卜、紫甘蓝、菠菜均洗净，分别切成适当大小，放入加有盐的沸水锅中焯水后捞出，再分别榨汁。

2. 将米饭分成三等份，放入模具中，做出不同形状的饭团。

3. 将三个饭团分别放入胡萝卜汁、紫甘蓝汁、菠菜汁中翻滚染色即可。

健康解密

这款饭团中所含的胡萝卜素，可在人体内转变成维生素 A，能维护正常视力和上皮细胞的健康，增加预防传染病的能力，促进儿童生长发育。

※ 制作点睛 ※

还可在饭团内包入宝宝喜欢吃的食物，如甜或咸的各式蜜饯等。

清淡爽口的 **火腿饭团**

原材料 ↘

米饭1碗，火腿、生菜各2片，海苔适量

制作步骤 ↘

1. 火腿和生菜均洗净，切成长方片。
2. 海苔切成2厘米宽的长条。
3. 取一小团饭先用生菜卷起来，再卷上火腿片，最后外面绕上海苔条即可。

健康解密

火腿和海苔可以健脾开胃，加上米饭，可以补充能量。此外，这款饭团中含有多种矿物质，如钾、钙、镁、磷、铁、锌、铜、锰等，其中含硒和碘尤其丰富，这些矿物质可以帮助人体维持机体的酸碱平衡，有利于儿童的生长发育。

※ 制作点睛 ※

火腿可以先腌一下，再煎熟，会更入味。

受欢迎指数：★★★★☆

受欢迎指数：★★★★★

※ 制作点睛 ※

海苔片要先用微火烤一下，再用来包饭团。

淡雅营养的 芝麻饭团

原材料 ↘
米饭1碗，胡萝卜、肉末、青菜、黑芝麻、海苔各适量

调味料 ↘
盐少许

制作步骤 ↘
1. 将胡萝卜去皮，洗净，切碎；青菜洗净，切丝。
2. 将胡萝卜、肉末、青菜和海苔下入油锅中炒至熟后，加盐调味。
3. 所有的炒好的材料和黑芝麻一起倒入米饭中，拌匀。
4. 戴上一次性手套，将米饭捏成饭团即可。

健康解密 　　这款饭团中含有多种人体必需氨基酸，在维生素 E 和维生素 B_1 的作用参与下，能加速人体的代谢功能，可增强宝宝的免疫力。

原材料 ↘

米饭 100 克，鸡蛋 1 个，番茄、胡萝卜、奶酪丝各适量

调味料 ↘

盐少许

制作步骤 ↘

1. 番茄洗净，切碎丁；胡萝卜去皮，洗净，切碎丁；奶酪擦成细丝；鸡蛋磕入碗中，搅散成蛋液。
2. 锅中入油烧热，倒入蛋液，均匀摇晃锅身做成蛋饼，备用。
3. 再热油锅，倒入米饭、番茄、胡萝卜翻炒片刻，撒上奶酪丝，调入盐炒匀。
4. 把炒好的米饭放在蛋饼上，卷成卷，再分切成段即可。

美观营养的 **番茄饭卷**

健康解密

　　番茄不仅健胃消食，而且具有清热解毒的功能。此外，番茄酸甜多汁，丰富的维生素 C 含量可以调节宝宝的肠胃。

※ **制作点睛** ※

　　米饭中还可以放点火腿碎，丰富口感，调节宝宝的口味。

受欢迎指数：★★★★☆

※ 制作点睛 ※

　　小猫模具可在超市、网上购买。注重细节，多点耐心，你一定能做出美观、精致的造型。

简单可爱的 hello kitty

原材料 ↘

米饭 120 克，胡萝卜 50 克，黄瓜 150 克，海苔适量

制作步骤 ↘

1. 用勺子将米饭放入小猫模具里，压紧后，倒出。

2. 将胡萝卜切片，焯水后捞出。再用胡萝卜和海苔装饰出小猫的发夹、鼻子、眼睛和胡须。

3. 将黄瓜洗净，切成圆片，围在米饭周围。

健康解密

　　米饭是儿童的主食之一，如果孩子吃腻了白米饭，爸爸妈妈一定也想给宝宝换换口味、变变花样。将蔬菜与米饭一起搭配食用，既能补充蛋白质、淀粉，还可补充丰富的维生素，对幼儿的成长大有益处。

色泽鲜艳的 **小兔爱心便当**

原材料 ↘

米饭120克，火腿、圣女果、黄瓜、胡萝卜、海苔各适量

制作步骤 ↘

1. 将黄瓜、圣女果、胡萝卜分别择洗干净；取一大半胡萝卜去皮切成圆片，再用蔬菜切模切成梅花形，剩下的做成心形片；将黄瓜切片；将火腿切成梅花形。
2. 将黄瓜铺在便当盒底部。
3. 取一半米饭，用爱心模具做成饭团，用海苔和心形胡萝卜片装饰。
4. 将另一半米饭用小兔模具做成卡通饭团，用海苔和心形胡萝卜片装饰。
5. 将梅花形胡萝卜片焯水后捞出；火腿入热油锅中稍煎后盛出。
6. 将梅花形胡萝卜片和火腿片、圣女果按自己喜欢的样子摆放在做好的饭团周围。

健康解密　　大米是补充营养素的基础食物，是提供B族维生素的主要来源，所以父母应制作一些可爱的便当来吸引宝宝，让宝宝爱上吃米饭。

受欢迎指数：★★★★☆

受欢迎指数：★★★★☆

原材料 ↘

米饭 150 克，火腿肠 30 克，生菜、黄瓜、胡萝卜、玉米粒、红薯各 30 克，鸡蛋 1 个，海苔适量

制作步骤 ↘

1. 将生菜洗净，铺在便当盒里；将米饭放在保鲜膜上，制作一个圆形饭团。

2. 用海苔裁剪出嘴巴装饰在饭团上，火腿肠切片作为腮红，黄瓜切片，海苔剪成月亮形装饰成耳朵。

3. 将玉米粒煮熟，红薯蒸熟后切条，蛋皮卷起，海苔卷起胡萝卜条和黄瓜条，然后将它们分别放入饭盒即可。

卡通漂亮的 **青蛙饭团**

健康解密　此便当非常可爱，简单的青蛙造型充满了童趣，首先从外形上就能够吸引宝宝，勾起其食欲。再搭配上颜色鲜艳的玉米、胡萝卜、黄瓜，还有红薯等杂粮，可以为宝宝补充各种所需的营养，是一款又好看又好吃的便当。

原材料 ↘

米饭100克，海苔、胡萝卜碎粒、熟黑芝麻各少许

制作步骤 ↘

1. 将米饭团成长条饭团和小三角形饭团，当做笔杆和笔头。
2. 把海苔剪出笔杆和笔头形状，放在饭团上面。
3. 将胡萝卜碎粒点缀在饭团上，熟黑芝麻撒在白色饭团上，可爱的铅笔饭团就诞生了。

创意无限的

铅笔饭团

健康解密

　　海苔中含有15%左右的矿物质，如有维持正常生理功能所必需的钾、钙、镁、磷、铁、锌等，其中含硒和碘尤其丰富，这些矿物质可以帮助人体维持机体的酸碱平衡，有利于儿童的生长发育。

受欢迎指数：★★★☆☆

受欢迎指数：★★★★☆

爱不释口的

泡温泉小狗

原材料 ↘

鸡胸肉 2 块，土豆 1 个，胡萝卜 100 克

调味料 ↘

盐 3 克，咖喱 30 克

制作步骤 ↘

1. 鸡胸肉洗净，切丁；土豆、胡萝卜均去皮，洗净，切丁。

2. 起油锅，倒少许油烧热，下土豆、胡萝卜一起炒片刻，加入水（水没过所有材料即可）、咖喱炖至土豆熟透，加盐调味后即可装盘。

3. 米饭用保鲜膜包住弄成自己想要的样子放入盘里就大功告成了。

健康解密　　　这款美食中含有大量淀粉以及蛋白质、维生素等，能促进宝宝脾胃的消化功能。此外，还含有大量膳食纤维，能宽肠通便，帮助宝宝及时排泄代谢毒素，防止便秘。

原材料 ↘

米饭60克，圣女果、黄瓜、海苔、小香肠、胡萝卜、玉米粒、生菜叶各适量

调味料 ↘

盐少许

制作步骤 ↘

1. 将圣女果、黄瓜、胡萝卜、玉米粒、生菜叶分别洗净；将米饭团成圆形饭团，放在以生菜叶垫底的碗中，用来做猪头的脸。

2. 将圣女果一切为二，用来做成猪头的耳朵。

3. 将小香肠刻花，黄瓜切片，胡萝卜切片，分别放入热油锅中，加少许盐炒香炒熟，铺在猪头的旁边，再将玉米粒稍炒后，镶在小香肠上。

4. 最后用干净的剪刀裁剪海苔，装饰眼睛、嘴巴和鼻子，一个可爱的猪头便当就诞生了。

卡通可爱的 猪头便当

受欢迎指数：★★★★☆

后记

美味又简单的炒饭、烩饭，焖煮好滋味的煲仔饭，百搭百妙的各式盖饭，活色生香的异国米饭，香软味美的小吃、点心，造型充满童趣的营养饭团……

米饭是中国人日常饮食中的主角之一，已经跟大众的生活融为一体，但是，天天一成不变的焖米饭，难免会觉得有些厌倦。这时候，不妨来尝试一些新鲜的花样做法和口味，把米做出百种风味，换一种生活方式，也换一种心情。

一道道艺术品似的米饭赏心悦目，散发着诱人的芳香，不折不扣地征服你的胃，每吃一口都是一种享受，让你吃出健康，吃出美味！

稻米的品种多样，你可以视自己的喜好和需求来准备各式美味米饭作为主食。另外，还可以将米饭和各式食材、调味料搭配，以满足你对色香味俱全的需求。变着花样吃米饭，不仅可以更好地吸收米饭中的营养物质，还能为你的生活增添小情趣，给你带来一些创意灵感，助你打开更广阔的美食天地，带你进入一个全新的"米饭世界"。这时候，你才真切地了解，米饭世界原来如此精彩。

本书介绍各种米做的经典美味，融合了各种营养搭配和花样翻新，让你的唇舌毫无招架之力，做一个创意米饭达人，把米饭做得更好吃。不仅适合广大家庭及美食爱好者阅读学习，也可供餐厅和酒楼经营参考。